2011—2012

作 物 学

学科发展报告

REPORT ON ADVANCES IN CROP SCIENCE

中国科学技术协会　主编
中国作物学会　编著

U0232089

中国科学技术出版社
·北京·

图书在版编目(CIP)数据

2011—2012作物学学科发展报告/中国科学技术协会主编；
中国作物学会编著. —北京：中国科学技术出版社，2012.4
（中国科协学科发展研究系列报告）
ISBN 978 - 7 - 5046 - 6030 - 5

Ⅰ.①2… Ⅱ.①中… ②中… Ⅲ.①作物–技术发展–研究
报告–中国–2011—2012 Ⅳ.①S3 - 12

中国版本图书馆 CIP 数据核字(2012)第 042613 号

选题策划	许　英
责任编辑	符晓静
封面设计	中文天地
责任校对	刘洪岩
责任印制	王　沛

出　　版	中国科学技术出版社
发　　行	科学普及出版社发行部
地　　址	北京市海淀区中关村南大街 16 号
邮　　编	100081
发行电话	010 - 62173865
传　　真	010 - 62179148
网　　址	http://www.cspbooks.com.cn

开　　本	787mm×1092mm　1/16
字　　数	234 千字
印　　张	9.75
印　　数	1—2500 册
版　　次	2012 年 4 月第 1 版
印　　次	2012 年 4 月第 1 次印刷
印　　刷	北京凯鑫彩色印刷有限公司

书　　号	ISBN 978 - 7 - 5046 - 6030 - 5/S·554
定　　价	32.00 元

2011—2012
作物学学科发展报告

REPORT ON ADVANCES IN CROP SCIENCE

首 席 科 学 家	翟虎渠			
专 家 组				
组 长	万建民　赵　明			
成 员	（按专题顺序）			

万建民	赵　明	马　玮	毛　龙	马有志
李新海	戴其根	张洪程	程式华	曹立勇
郭龙彪	魏兴华	朱德峰	江云珠	庞乾林
李海滨	李建生	何中虎	韩天富	周新安
刘丽君	王源超	胡国华	何秀荣	王凤义
曹清河	王培伦	李　强	马代夫	王光明
廖伯寿	殷　艳	张海洋	安玉麟	党占海
程汝宏	习现民	熊和平	唐守伟	刘志远
陈连江	邓祖湖	林彦铨	张　京	张宗文
杨修仕	郭刚刚	赵　炜	秦培友	么　杨
任贵兴	吴　斌			

学 术 秘 书	杜　娟　刘丹丹　张馨文

序

科学技术作为人类智慧的结晶，不仅推动经济社会发展，而且不断丰富和发展科学文化，形成了以科学精神为精髓的人类社会的共同信念、价值标准和行为规范。学科的构建、调整和发展，也与其内在的学科文化的形成、整合、体制化过程密切相关。优秀的学科文化是学科成熟的标志，影响着学科发展的趋势和学科前沿的演进，是学科核心竞争力的重要内容。中国科协自2006年以来，坚持持续推进学科建设，力求在总结学科发展成果、研究学科发展规律、预测学科发展趋势的基础上，探究学科发展的文化特征，以此强化推动新兴学科萌芽、促进优势学科发展的内在动力，推进学科交叉、融合与渗透，培育学科新的生长点，提升原始创新能力。

截至2010年，有87个全国学会参与了学科发展系列研究，编写出版了学科发展系列报告131卷，并且每年定期发布。各相关学科的研究成果、趋势分析及其中蕴涵的鲜明学术风格、学科文化，越来越显现出重要的社会影响力和学术价值，受到科技界、学术团体和政府部门的高度重视以及国外主要学术机构和团体的关注，并成为科技政策和规划制定学术研究课题立项、技术创新与应用以及跨学科研究的重要参考资料和国内外知名图书馆的馆藏资料。

2011年，中国科协继续组织中国空间科学学会等23个全国学会分别对空间科学、地理学（人文-经济地理学）、昆虫学、生态学、环境科学技术、资源科学、仪器科学与技术、标准化科学技术、计算机科学与技术、测绘科学与技术、有色金属冶金工程技术、材料腐蚀、水产学、园艺学、作物学、中医药学、生物医学工程、针灸学、公共卫生与预防医学、技术经济学、图书馆学、色彩学、国土经济学等学科进行学科发展研究，完成23卷学科发展系列报告以及1卷学科发展综合报告，共计近800万字。

参与本次研究发布的,既有历史长久的基础学科,也有新兴的交叉学科和紧密结合经济社会建设的应用技术学科。学科发展系列报告的内容既有学术理论探索创新的最新总结,也有产学研结合的突出成果;既有基础领域的研究进展,也有应用领域的开发进展,内容丰富,分析透彻,研究深入,成果显著。

　　参与本次学科发展研究和报告编写的诸多专家学者,在完成繁重的科研项目、教学任务的同时,投入大量精力,汇集资料,潜心研究,群策群力,精雕细琢,体现出高度的使命感、责任感和无私奉献的精神。在本次学科发展报告付梓之际,我衷心地感谢所有为学科发展研究和报告编写奉献智慧的专家学者及工作人员,正是你们辛勤的工作才有呈现给读者的丰硕研究成果。同时我也期待,随着时间的久远,这些研究成果愈来愈能够显露出时代的价值,成为我国科技发展和学科建设中的重要参考依据。

2012 年 3 月

前　言

作物生产是农业生产系统的主体,维系着人类最基本的生活需求,是国民经济建设中至关重要的领域。作物科学是农业科学的核心学科。作物学科的发展水平直接影响人们基本生活需求和质量,直接关系到国计民生和社会经济的发展。作物学科旨在综合探索和阐明大田作物高产、优质、高效、持续生产与改良的理论、方法和技术,为我国农产品的安全、有效供给做出贡献。

2010—2011 年是我国经济、社会持续快速健康发展的两年,也是我国作物科学与生产快速发展的两年。两年来,我国作物科学和技术取得了一系列新进展和一批重大科技成果,立足自主创新,攻克了作物学学科领域中比西方国家复杂得多的科技难题。作物科学与农业科学的其他学科紧紧结合,在保障我国粮食安全和农产品有效供给、克服全球气候异常变化对农业发展的负面影响,维护生态安全、促进农民增收,支持经济、社会和环境的可持续发展等方面,发挥了重大作用。对关系国计民生,具有全局性、前瞻性的基础、应用基础和应用等重点领域和亟须解决的"三农"重大技术与理论问题,进行联合攻关,求实创新,勇攀高峰,有力地促进了作物学学科的发展。

本报告是在 2009—2010 年作物学学科发展研究报告的基础上,认真回顾、总结和科学客观地评价本学科近两年的新进展、新成果、新见解、新观点、新方法和新技术,以及在学科的学术建制、人才培养、基础研究平台等方面的进展;阐述本学科取得的最新进展和重大科技成果及其促进农业可持续发展、保障国家粮食安全、生态安全和增加农民收入等方面的应用成效和贡献;深入研究分析本学科的发展现状、动态和趋势,以及我国作物学学科与国际水平的比较,立足于我国现代农业发展和国家粮食安全、食物安全、生态安全、农民增收对作物学学科发展的战略需求及其研究方向,跟踪国际本学科发展前沿,展望 2012—2030 年的发展前景和目标,提出本学科在我国未来的发展趋势与发展研究方向。

中国作物学会作为中国作物科学技术工作者的民间组织,肩负着促进学科发展、推动自主创新的重要任务。半年来,学会在中国科学技术协会的统一部署和要求下,认真组织实施了 2011—2012 年作物学学科发展研究课题。成立了以翟虎渠理事长为首席科学家，万建民、赵明为专家组组长的编写小组。经过组织多次学术研讨和工作会议，最后形成了 2011—2012 作物学学科发展报告。本报告包括 1 个作物学的综合报告，作物遗传育种学和作物栽培与生理学 2 个学科专题报告以及水稻、玉米、小麦、大豆、薯类、油料、粟类、麻类、糖料、特用作物共 12 个专题报告。报告内容翔实，重点突出，明确了作物学科发展的学术思路、观点和内容，对学科发展有重要的参考价值，也可作为作物科技工作者、作物学相关专业学生的重要参考资料。

在本次学科发展研究课题的实施过程中，得到了中国科学技术协会的大力支持和指导，得到了中国作物学会及各专业委员会（分会）、中国农业科学院作物科学研究所及相关研究所、中国农业大学及相关农业院校等单位的大力支持，课题组专家及报告编写组成员在课题研究和学科发展报告编撰过程中付出了辛劳和智慧，学科发展研究报告凝聚了全国作物科技工作者的心血和成就。在此，向他们表示衷心的感谢。

由于时间紧，研究内容广，并受篇幅所限，学科发展报告尚未包括作物学学科的所有作物和分支学科，对发展研究的深度和广度有待进一步提高，可能还存在一些疏漏，敬请不吝批评指正。

中国作物学会

2012 年 1 月

目　录

综合报告

专题报告

ABSTRACTS IN ENGLISH

Comprehensive Report

Reports on Special Topics

综合报告

作物学发展研究

一、引 言

　　作物生产是农业生产系统的主体成分,作物生产维系着人类最基本的生活需求,是国民经济建设中至关重要的领域。因而,作物学是农业科学的核心学科。作物学科的发展水平直接影响人们基本生活需求和质量,直接关系到国计民生和社会经济的发展。作物生产是农业发展的基础。作物科学的两个主要二级学科分别为作物育种学和作物栽培学。高产、优质、高效的作物生产必须以优良品种为基础;优良品种遗传潜力的发挥有赖于适应的生长发育环境和相应的耕作、栽培、管理技术;作物生产的可持续发展依赖于遗传和生产资源及环境的可持续性。因此,作物学科的两个二级学科是相互依存的整体,旨在综合探索和阐明大田作物高产、优质、高效、持续生产与改良的理论、方法和技术,为我国农产品的安全、有效供给做出巨大贡献。

　　本报告是在 2009—2010 年作物学学科发展研究报告的基础上,认真回顾、总结和科学客观地评价本学科近两年的新进展、新成果、新见解、新观点、新方法和新技术,以及在学科的学术建制、人才培养、基础研究平台等方面的进展;阐述本学科取得的最新进展和重大科技成果及其促进农业可持续发展、保障国家粮食安全、生态安全和增加农民收入等方面的应用成效和贡献;深入研究分析本学科的发展现状、动态和趋势,以及我国作物学学科与国际水平的比较,立足于我国现代农业发展和国家粮食安全、食物安全、生态安全、增加农民收入对作物学学科发展的战略需求及其研究方向;立足全国,跟踪国际本学科发展前沿,展望 2012—2030 年的发展前景和目标,提出本学科在我国未来的发展趋势与发展研究方向。

　　本学科发展综合报告的内容,包括两个主要的二级学科作物遗传育种学和作物栽培与生理学,以及水稻、小麦、玉米、大豆、油料、特用、薯类、麻类、粟类、糖料等主要作物科技发展的动态,重大新进展和科技成果,国内外发展水平比较,未来的发展趋势与研究方向等方面。

　　2010—2011 年是我国"十一五"结束与"十二五"开局之年,也是我国作物科学与生产快速发展之年。近两年来,我国作物科学与技术领域,在邓小平理论、"三个代表"重要思想和科学发展观的指导下,认真贯彻"自主创新、重点跨越、支撑发展、引领未来"的科技发展指导方针,不断深化科技体制改革,实行"开放、流动、联合、竞争"运行机制,创造了促进作物学学科持续稳定发展和创新的和谐环境,鼓励学术创新,树立良好的科学道德和学风,培养高水平领军人才和作物科技创新团队。在国家"973"、"863"、科技支撑计划、国家自然科学基金和省、部有关作物科技的重大计划项目支持下,我国作物科学和技术取得了重要的新进展和一批重大科技成果,立足自主创新,攻克了作物学学科领域中比西方国家复杂得多的科技难题,作物科学与农业科学其他学科紧紧结合,在保障我国粮食安全和农产品有效供给、克服全球气候异常变化对农业发展的负面影响,维护生态安全、促进农民增收,支持经济、社会和环境的可持续发展等方面发挥了重大作用。在关系国计民生,具有全局性、前瞻性的基础、应用基础和应用等重点领域和亟须解决的"三农"重大技术与理论问题,进行联合攻关,求实创新,勇攀高峰,有力促进了作物学学科的发展。两年来,转基因专项、国家粮食丰产科技工程、作物高产创建等一批以作物育种及作物栽培为核心的重大项目,有力地推动了我国作物学创新与发展,显著提升了作物学科技与理论的研究应用水平,并为我国粮食实现了半个世纪以来首次"八连增"、创造新的历史纪录发挥了重要作用。我国粮食实现了半个世纪以来首次"八连增"、粮食总产首次突破了5.4亿吨,创造了历史新纪录。与此同时,作物科学的发展取得新进展。

尽管作物学学科两年来取得了重大新进展和一批重大科技成果,但是,从学科发展整体来看,我国作物科学和技术发展水平与发达国家和我国现代农业发展的需求相比较还存在着较大的差距,原始创新不足,自主创新能力仍较弱,科技支撑能力和科技储备不足,科研水平与世界前沿相比还存在一定差距。因此,加快我国作物学科建设和发展,迅速提升学科发展的整体水平和创新能力,缩小与发达国家的差距,推动作物学学科和作物科学与技术突飞猛进,实现跨越式发展,确保国家粮食安全、生态安全、农民增收和现代农业可持续发展,成为我国作物科学发展的目标。

二、本学科近年(2010—2011)的最新研究进展

(一)回顾、总结和科学评价近年学科发展

近两年,我国作物科学以作物生产高产、稳产、高效、生态、安全为生产目标,在作物育种与作物栽培领域获得多项突破性进展,在本学科的基础、应用基础和应用研究方面取得了重要的新进展和一批重大科技成果,并取得了良好的经济效益与社会效益,对国家粮食安全和农业可持续发展做出了显著贡献,并同时推动了作物学科的发展进步。在党中央和国务院高度重视下,在国家"973"、"863"、科技支撑计划、国家科技重大专项和自然科学基金等国家科技计划支持下,两年来我国在作物优良品种选育、遗传育种技术和作物高产优质高效生态安全栽培与生理研究方向取得一系列重大的新进展。2010年作物学科获国家级科学技术进步奖一等奖2项、二等奖8项,2011年获国家级科学技术进步一等奖2项、科技进步二等奖11项以及省部级奖多项。

1.作物遗传育种学科跨越发展

作物新品种选育、遗传育种理论和方法、重大成果的形成取得了新的进展。

通过生命科学与信息学等相关学科的渗透、交融和集成,随着作物遗传育种理论和方法不断拓展,转基因、分子标记、细胞工程、分子设计、全基因组选择等现代生物育种技术迅速发展,以高产、优质、抗逆、养分高效的有机结合作为优良品种培育的发展目标和方向,在农作物新品种选育、遗传育种理论和方法、重大成果形成等方面均取得了新的进展与成就,为作物育种产业发展提供了有力支撑,推动了农业科技的进步。在国家"973"、"863"、科技支撑、行业科技等科技计划支持下,2010—2011年我国作物优良新品种选育

和遗传育种技术研究领域不断取得新进展,为作物育种产业发展提供了有力支撑。

(1)作物新品种选育成果显著

针对作物生产高产、稳产、高效、生态、安全的生产目标,围绕着生物种业的新挑战,加速了新品种的选育,选育出了一批不同作物的新品种,并在生产上发挥了重要的作用。近年来,我国新品种选育成果显著,获得 4 项国家科技进步奖一等奖,12 项国家科技进步奖二等奖。矮败小麦品种、抗条纹叶枯病高产优质粳稻新品种、玉米浚单 20、大豆中黄 13 共计 4 项获得了国家科技进步奖一等奖,水稻、小麦、花生、油菜作物 8 项品种选育成果获国家科技进步奖二等奖。

(2)优良新品种单产水平显著提高,品质明显改善,抗性持续增强

优良品种的选育正由表现型选择向基因型选择、由形态特征选择向生理特性选择的转变,优质、高产、抗逆的有机结合已成为优良品种培育的发展方向,以关键性状改良为主的新品种不断涌现,优良新品种单产水平显著提高,品质明显改善,抗性持续增强。

近两年培育的一些代表性品种因高产高抗都取得了显著应用效益的成果。水稻新品种宁粳 3 号由于其高产稳产、抗稻瘟病、纹枯病、高抗白叶枯病、米质优,被农业部认定为超级稻品种在江苏等地大面积推广应用。超级稻新品种 C 两优 87 在区试中排名第一,增产达极显著水平。籼稻新品种"龙优 673"米质达国标优质 2 级标准。小麦品种济麦 22 是高产育种的重大突破,已经连续三年创造出 700kg/亩的产量,2011 年全国种植面积超过 3000 万亩①。小麦新品种中麦 175 实现了高产潜力与优良面条品质、抗病性的良好结合,面条品质的口感、颜色和黏弹性均优于对照雪花粉,是北部冬麦区具有重大推广价值的新品种。强优势高产玉米新品种,如浚单 29、中单 909、中农大 236、吉单 535 等,出籽率高,适应性广,抗病强,具有亩产 1100kg 以上的高产能力。大豆品种中黄 37、郑 92116 是多抗品种,抗大豆花叶病毒病、紫斑病、疫霉根腐病、灰斑病等,在国内外同类研究中处于领先地位。棉花新品种中棉所 76、中棉所 54 等亩产皮棉 111kg 以上,纺纱率高。油菜品种中双 11 号含油量 49.04%,是全国冬油菜所有参试品种中含油量最高的品种,比长江流域一般推广品种含油量高 8 个百分点以上,达到国际先进水平。

(3)作物遗传育种理论和方法取得持续进展与突破

我国作物遗传育种在杂种优势利用技术、作物细胞工程育种技术、作物分子标记育种技术、转基因育种技术等多方面取得了新进展、新突破。生物育种新技术与国际前沿差距正在减小,生物技术育种技术已经成为提高作物产量和品质的主要途径。特别是 2010 年,矮败小麦及其高效育种方法的创建与应用,荣获国家科技进步奖一等奖。

主要作物转基因育种进一步发展。培育抗虫转基因棉花新品种 100 余个,累计推广 1.16 亿亩,使国产抗虫棉份额达到 95%。三系杂交抗虫棉育种取得新突破,制种效率提高 40% 以上,制种成本降低 60% 以上。转基因抗虫水稻、转植酸酶基因玉米获得安全证书,具备了产业化条件。新型抗虫转基因水稻、转人血清白蛋白基因水稻,抗虫玉米,新型抗虫棉花,抗除草剂大豆等进入中试与示范阶段。抗除草剂水稻,抗旱、抗除草剂玉米,抗病毒、抗旱小麦等逐步展现出巨大的应用潜力。在国际上,首次克隆了水稻理想株型、穗

---

① 1 亩＝667m²,以下同。

型、穗粒数高产基因和抗稻飞虱等重要基因,打破了跨国公司对基因专利的垄断局面。完善了规模化的水稻、棉花、玉米遗传转化技术体系,其中水稻转化效率从40%提高到83%,具备了年转化5000个基因的能力;大豆、小麦遗传转化效率明显提高。

分子标记育种理论与技术取得持续进展。在水稻上,应用 $Xa4$ 和 $Xa21$ 连锁分子标记进行直接选择,育成抗白叶枯病的恢复系蜀恢527、蜀恢781和蜀恢202。将 $Pi\sim1$ 和 $Pi\sim2$ 导入不育系 GD$\sim$7S 和 GD$\sim$8S 中,育成高抗稻瘟病的新不育系,进而选育出高抗稻瘟病杂交稻新组合粤杂746、粤杂751、粤杂4206和粤杂750。将稻瘟病抗性基因($Pi\sim1$、$Pi\sim2$)和白叶枯病基因($Xa23$)聚合至荣丰 B 和振丰 B 中,育成既抗稻瘟病有抗白叶枯病的保持系。利用分子标记,聚合 $S5n$、$S7n$、$S17n$ 广亲和基因,结合农艺性状选择,培育粳型恢复系 W107。将直链淀粉含量(Wx)、粒长($GS3$)、香味(Fgr)、抗穗发芽基因($qPSR8$)导入三系杂交稻保持系,创造有重要应用前景的保持系15份。利用5+10和7+8亚基的分子标记检测,结合回交转育,从(中优9507/3×济麦22)群体中选育出新品系 M037,品质显著改善。利用 $opaque2$ 基因序列内的微卫星标记 phi057,选育出优质蛋白玉米自交系 R60、CA710等,已用于新品种培育。同时,我国一些小作物,如芸豆、菜豆及蔬菜类作物分子标记育种理论与技术起步,并取得初步进展。

细胞工程与诱变育种快速发展。作物细胞育种和航天生物育种快速发展。完善了甘蓝和白菜小孢子培养技术,成功获得一批优异再生株系;甘蓝与芥菜体细胞融合技术研究取得突破,解决了远缘胞质杂种材料创制的难题,获得花椰菜与黑芥的非对称体细胞融合再生植株;完善了辣椒花药培养技术体系,建立了黄瓜不受精子房培养体系。从基因组学和蛋白质组学水平上揭示了航天环境及地面模拟航天环境要素诱发突变的机制与模式。完善建立了"多代混系连续选择与定向跟踪筛选"的航天工程育种技术新体系;优化了高能混合粒子辐照、物理场处理等地面模拟航天诱变靶室设计与样品处理程序,完善了地面模拟空间环境诱变育种技术方法。航天诱变育种工程与常规育种、杂种优势利用相结合,在水稻、小麦、棉花、蔬菜等作物上创制特异新种质、新材料130份。

通过杂种优势利用技术培育了一系列高产、优质品种。研究建立了利用作物远缘种、近缘种、亚种、亚基因组、冬春品种间杂交,创制作物强优势种的新理论与新技术;融合多种现代生物技术,在水稻、小麦、玉米、油菜、棉花和大豆种质创新、强优势组合创制和制种技术等领域均取得了重要突破。新育成的节水抗旱稻新品种"沪旱15"和杂交组合"沪优2号"、"旱优3号"等相继通过国家和省级审定,表现出高产、优质、抗旱和适合直播栽培等特点。

2. 作物栽培学科快速发展

2010—2011年,围绕粮食持续增产的科技需求,以关键技术创新为核心,以技术集成为重点,以区域化技术体系为特色,全面开展了作物高产高效和现代技术研究,取得了显著成效,支撑了我国粮食连续增产。以超高产栽培、机械化栽培、资源高效利用、抗逆栽培等重大成果,两年获得国家科技进步奖5项。通过先进实用技术集成应用,涌现了一大批超高产典型,刷新了当地的高产纪录,为我国2010年粮食产量较大幅度恢复性增产,2011年的粮食大幅度增产做出重要贡献。推动了我国作物栽培学理论与技术的发展、人才队伍的建设和研究条件的改善。

作物高产高效、现代生产技术的耕作栽培取得新进展。

(1)作物丰产高效关键技术及其集成研究与应用取得了重大进展

作为国家粮食科技重大支撑项目——国家粮食丰产科技工程,紧紧围绕三大平原三大作物高产高效目标,开展了技术集成与创新研究,组装出一批具有地方区域特色的三大作物高产优质高效生态安全栽培技术体系,共集成配套技术180套,其中长江中下游平原六省集成水稻配套技术79套,华北平原三省集成小麦、夏玉米及其一体化配套技术14套,东北平原三省集成春玉米配套技术35套,共性课题集成配套技术52套。经技术核心试验区、示范区和辐射区的建设和大面积应用,显著提高了三大作物综合生产能力,单产增长率为11.6%,化肥利用率提高12%～15%,灌溉水利用率提高10%～16%,自然与生物灾害损失率降低了15%,农药用量减少25%～35%,每亩节本增效达110元左右。与全国同期粮食生产相比,项目"三区"面积占全国粮食生产面积的10.4%,增产粮食占全国增产粮食的17.0%,亩增产是全国平均亩增产的2.7倍,2年累计应用3亿多亩,增产粮食1000多万吨,增效300多亿元,有效带动了粮食主产省乃至全国粮食生产水平的提高,促进了肥水资源的高效利用,减少了环境污染,大大推动了农业增效、农民增收,为保障国家粮食安全、提高粮食产品的国际竞争力提供了技术支撑,发挥了示范带动作用。

中国农业科学院作物科学研究所李少昆等主持的玉米高产高效生产理论及技术体系研究与应用项目获得2011年国家科技进步奖二等奖。

(2)作物一年两(多)熟协调高产技术研究与应用取得显著进展

围绕作物资源高效利用以进一步挖掘作物周年高产潜力,一方面水稻种植不断向北拓展,加速了黑龙江水稻种植面积的扩大;另一方面以小麦玉米为代表的一年两熟制不断突破北限向北扩展,由一熟为两熟大幅提高周年产量。与此同时,特别是多熟制在一年两熟协调高产高效关键技术上取得了重大的突破,建立了进一步挖掘资源内涵两(多)熟制协调高产高效理论与技术体系,有效地提高了资源利用率和作物周年产量。

河南农业大学尹钧等人完成的"黄淮区小麦夏玉米一年两熟丰产高效关键技术研究与应用"获2010年度国家科技进步奖二等奖。河北农业大学马峙英主持完成的"海河平原小麦玉米两熟丰产高效关键技术创新与应用"获2011年度国家科技进步奖二等奖。

(3)作物精确定量栽培技术研究应用取得重大进展

随着生育进程、群体动态指标、栽培技术措施的精确定量的研究不断深入,推进了栽培方案设计、生育动态诊断与栽培措施实施的定量化和精确化,有效地促进了栽培技术由定性为主向精确定量的跨越,为统筹实现作物"高产、优质、高效、生态、安全"提供了重大技术支撑。

扬州大学张洪程教授主持的国家粮食丰产工程项目的核心技术"水稻丰产精确定量栽培技术及其应用"获2011年度国家科技进步奖二等奖。此技术作为国家粮食丰产工程项目的核心技术,使水稻生育的各个过程都有准确的定量诊断与调控技术指标,以实现水稻的生育模式化、诊断指标化、技术规范化,从而达到水稻"高产、优质、高效、生态、安全"的综合目标。

(4)作物栽培信息化技术取得重要突破

作物栽培学与新兴学科领域的交叉与融合,作物栽培正从信息化和智能化的方向迈进。通过对作物栽培学所涉及的对象和过程进行数字化设计、信息化感知、动态化模拟,从而实现作物栽培智能化管理。近两年来,在作物栽培方案的定量设计、作物生长指标的光谱监测、作物生产力的模拟预测,以及相关的软、硬件产品研发等方面取得了显著的进展,推动了我国数字农作的发展。

北京农业信息技术研究中心赵春江主持完成的"数字农业测控关键技术产品与系统"获得了 2010 年度国家科技进步奖二等奖。

(二)作物学学科建设、人才队伍和基础研究平台建设取得长足发展

作物学学科的科技发展能力建设是促进作物科技自主创新的保障。"十一五"期间,特别是近两年以来,作物学学科发生了深刻的变化,学术建制日趋完善,分支学科逐渐配套,研究机构更加健全,人才队伍不断成长,试验研究条件进一步改善,国际合作与交流进一步加强,基础研究平台建设取得长足发展。

1. 学术建制

作物学学科已发展成为一级学科,形成了作物遗传与育种学、作物种质资源学、作物栽培学、作物生理学、作物生态学、作物分子生物学和作物信息学等二级分支学科,相互交融配套发展成为门类比较齐全的现代作物学学科体系。

我国农业高等院校由原来的农学系发展成立了作物科技学院或以作物学科为核心的生物科技学院,作物遗传与育种学、作物栽培与耕作学被评为重点学科,从而在学科专业设置上保障和发展了作物学学科。

全国农业科研院所将作物学科研究作为其主体,均设置了专门的作物科学研究机构,其中,国家和各省、市、地、县农业科研机构中的有关作物遗传育种研究所、室、系建设在稳定持续发展。作物栽培与耕作科技研究,长期以来因各种原因而不被重视,除中国农业科学院外,其他大部分省、市、地、县级农业科研院所均撤销或未设置作物栽培学专门研究机构,造成作物栽培科技的项目难立、经费难得,大批栽培科技人员改行流失,作物栽培科学的技术研究严重萎缩滞后。进入 21 世纪,针对我国作物生产与产业发展中作物栽培科技的巨大而不可替代的重要性的日益突出,保障国家粮食安全、生态安全和现代农业可持续发展对作物栽培科技的需求日益重大,党和国家高度重视作物栽培科学与技术的发展,从学术建制上恢复和加强了作物栽培学科,实施了国家粮食丰产科技工程、作物高产创建等一批以作物栽培科技为核心的重大项目,首次建立了"973"计划"主要粮食作物高产、资源高效利用的基础研究"项目,"863"计划、国家科技支撑计划、自然科学基金等均设置了作物栽培研究项目,从科研项目和经费上稳定了作物栽培研究机构和人才队伍,有力地推动了作物栽培学的创新与发展,由单一的作物栽培与耕作学发展成包括作物栽培学、耕作学、作物生理学、作物生态学、作物营养与施肥、作物信息学等多分支专业相配套的具有中国特色的现代作物栽培学与技术体系。

2. 人才培养与学科队伍建设

党中央、国务院一贯高度重视科技人才培养和队伍建设,组织实施了人才培养专项计划。教育部、科技部、农业部实施了国家"农业高层次科技创新人才专项计划",而且在《国

家中长期科学与技术发展规划纲要》、《国家粮食安全中长期规划纲要》、《农业及粮食科技发展规划》中，均把人才培养和创新团队建设列为重要内容。进一步加大了国家各类人才计划对农业及粮食科技创新人才的支持力度和人才队伍建设的投入力度，通过人、财、物的综合配套，加强了杰出人才的引进和交流、高层次创新人才遴选和培养、创新团队培育，并在科研条件建设、重大项目立项、重大成果跟踪、国际合作与交流和研究生培养等方面重点倾斜，使我国作物学科人才培养和队伍建设取得了日新月异的发展。

3. 基础研究平台建设

科学与技术基础研究平台是决定科技发展能力的重要条件。近年来，我国从农业科技的公益性、多学科、多部门、区域化等特点出发，根据社会经济发展对农业科技的重大需求，按照加强投入、完善功能、合理布局、避免重复的原则，优先加强了已有涉农领域的国家和省部级重点实验室、工程技术中心、野外基地（台站）的建设，进一步改善了基础研究条件，完善了管理运行机制，切实发挥科技平台功能。至 2011 年，我国建设有关作物学科的国家重点实验室 6 个，包括中国水稻所"水稻生物学国家重点实验室"、中国农业大学的"植物生理学与生物化学国家重点实验室"、南京农业大学的"作物遗传与种质创新国家重点实验室"、华中农业大学的"作物遗传改良国家重点实验室"、山东农业大学的"作物生物学国家重点实验室"、华南热作两院共建的"热带作物生物技术国家重点实验室"。农业部建设的第五轮 132 个农业部重点开放实验室中，作物学学科领域的重点开放实验室有 49 个，包括作物种质资源重点开放实验室 7 个，作物生物技术与遗传改良重点开放实验室 22 个，作物生理生态与栽培重点开放实验室 15 个。在此以前，农业部建设了 22 个重要农业的国家品种改良中心及一批改良分中心，区域作物高产、优质、高效技术创新中心。2010—2011 年，通过农业部重点实验室评审，确定了由 33 个综合性重点实验室、183 个专业性（区域性）重点实验室和 251 个农业科学观测实验站组成的 30 个农业部重点实验室"学科群"。以上作物科学基础研究平台建设，为作物学科发展创造了良好的条件，对提高作物学学科发展水平，培养作物学学科创新人才和培育创新团队发挥了重要贡献。

（三）近年作物学科的最新重大成果

2010—2011 年是作物学科硕果累累的两年。两年来，作物学科在遗传育种及作物栽培领域荣获国家科技进步奖一等奖 3 项，二等奖 19 项，以及多项省部级奖项。

2010 年，中国农科院作物科学研究所刘秉华团队历经潜心研究，以我国特有的遗传资源太谷核不育小麦和矮变一号小麦为材料，经过连续大群体测交筛选和细胞学研究，从 8785 株测交后代群体中得到一株既矮秆又雄性不育的小麦，这就是国际首创的矮败小麦。在国际上首次利用矮败小麦轮选技术建立动态基因库，持续培育出高产、优质、多抗、高效的新品种，创建矮败小麦高效育种方法，矮败小麦便于鉴别育性，利于提高异交结实率，兼有自花授粉和异花授粉特性，是高效育种工具。利用矮败小麦高效育种方法育成了国家或省级审定新品种 42 个，累计推广 1.85 亿亩，增产小麦 56 亿 kg，增收 82 亿元。此项"矮败小麦及其高效育种方法的创建与应用"成果荣获 2010 年国家科技进步奖一等奖。

水稻条纹叶枯病是由灰飞虱介导的病毒病，是我国水稻产区的重要病害，严重威胁水稻生产。与此同时，水稻条纹叶枯病的防控尚无特效药物，防虫治病十分困难，且增加种植成本、污染环境。实践证明，最经济有效的方法是培育和种植抗病品种。万建民团队历时近 20 年针对我国抗水稻条纹叶枯病抗性鉴定技术、种质、基因、品种匮乏等突出问题，重点开展了抗病高产优质粳稻新品种选育及应用，取得了重大突破与创新，研究成果荣获 2010 年国家科技进步奖一等奖。研究团队首次建立了水稻条纹叶枯病规模化抗性鉴定技术体系来筛选抗病种质。挖掘和标记了水稻条纹叶枯病抗性基因 QTL，创建了分子标记聚合育种技术体系，选育了一系列抗条纹叶枯病高产优质水稻新品种，并在南方粳稻区实现了快速应用。通过高效育种技术，选育出适应不同生态区的早中晚熟系列抗条纹叶枯病高产优质新品种 10 个，并制定了与品种配套的栽培技术规程 4 个。2007—2009 年，此项技术选育出的品种推广 8314 万亩，2009 年推广面积占南方粳稻区种植面积的 78%，累计推广 13634 万亩，社会效益 190 亿元。该成果有效解决了我国南方粳稻区长期受条纹叶枯病威胁的难题，有力地促进了水稻生产的发展，为保障我国粮食安全、农民增收和农业可持续发展做出了重要贡献。

在三大粮食作物中，玉米的增产潜力最大，以"浚单 20"为代表的玉米品种选育实现了我国玉米核心种质改良的重大突破。"玉米单交种浚单 20"是以浚 9058 为母本、浚 92-8 为父本育成的，拓宽了玉米种质基础，形成了黄淮海夏玉米区新的骨干自交系，实现了我国玉米种质改良的重大突破。浚单 20 具有株型紧凑、株高穗位适中、籽粒产量高、结实性好、后期灌浆快、耐高温干旱及阴雨寡照、综合抗性好等株型特征。2001—2002 年在国家玉米区试和生产试验中产量均居第一位，比对照农大 108 平均增产 9.61%，品质达国标 1 级。并耐高温干旱及阴雨寡照、抗病性好，综合抗性突出，具有产量潜力高和稳产、优质、多抗、广适等特点，2004—2010 年连续被农业部确定为全国玉米主导品种。它的育成，实现了黄淮海地区抗高温、干旱、阴雨寡照等气象灾害玉米育种瓶颈的重大突破，其品质分别达到国家普通玉米 1 级和饲用玉米 1 级标准。创造了我国夏玉米百亩连片平均亩产 1018.6kg、万亩连片平均亩产 858kg 的高产纪录；连续 4 年年种植面积超过 1000 万亩，2009 年更是达到 3675 万亩，成为我国种植面积第二大玉米品种，至 2010 年已累计推广 9200 多万亩，创造社会经济效益达 73.7 亿元。"玉米单交种浚单 20 选育及配套技术研究与应用"获得 2011 年国家科技进步奖一等奖。

经过多年长期、系统的研究，由水稻所钱前研究员主持完成的"水稻重要种质的创制及其应用"荣获 2010 年国家科技进步奖二等奖。项目组通过化学、辐射和自然突变等技术，筛选了多种形态、生理、生化突变材料，创制了 3 万多份水稻遗传材料及育种资源。构建了国际上第一套籼型浙辐 802 背景的、含 27 个形态标记的等基因系，为国内外开展基础研究、应用基础研究以及育种利用提供了丰富的研究材料。与国内外科学家开展了广泛的合作，克隆了 20 多个基因，相关研究论文发表于《自然遗传》和《科学》等国际一流学术期刊；利用发掘的抗病虫、淡绿叶、巨胚的种质资源，选育了中组 1 号、中组 3 号、菲优 600、菲优 E1、光亚 2 号、伽马 1 号等水稻新品种，分别通过国家和有关省品种审定，累计推广面积达 460 多万亩。该研究工作科学性和创造性明显，对提升我国在水稻功能基因组研究中的国际地位发挥了重要作用。

华南杂交水稻优质种质创新成效显著，2010 年获国家科技进步奖二等奖，项目经过 16 年的努力，育成通过国家和省级审定的国标优质米品种 10 个，其中秋优 1025 和美优

998 成为华南稻区的主栽品种,创新了华南杂交水稻优质化育种体系。育成了 10 个达国标优质米标准的丝苗米型杂交稻新品种,丝苗米型优质、高产。生产技术集成与大面积示范推广取得新突破。据不完全统计,到 2009 年,在华南稻区累计推广种植 4134.6 万亩,项目新增社会总产值 82.692 亿元。有效推动了华南稻区杂交水稻优质化的进程。

小麦干旱灾害是我国麦区,尤其是北方冬麦区(秦岭—淮河一线以北)的主要农业气象灾害,历时 20 年不懈攻关,以培育节水高产小麦新品种为目标,开展节水高产小麦育种方法研究,提出了"前水后旱、同一世代水旱复合选择"方法,进一步筛选节水高产特性的方法。提出了相应的形态和生理选择指标体系,构建了节水高产育种技术平台。育成的石家庄 8 号、石麦 15 号、石麦 18 号,节水优质高产型石优 17 号,抗旱丰产型石麦 13 号、石麦 21 号等系列节水高产小麦品种。石家庄 8 号先后通过国家、河北省和天津市品种审定,水分利用效率达到 21.13kg/(hm^2·mm),生产示范全生育期不灌溉亩产 525.92kg、灌溉 2 水亩产 648.2kg;石麦 15 号先后通过国家、河北省和天津市品种审定,水分利用效率达 24.18kg/(hm^2·mm),生产示范全生育期不灌溉亩产达 514.6kg,灌溉 1 水亩产达 646.7kg,创河北省小麦节水高产纪录;石麦 18 号灌 2 水亩产 667.89kg,创河北省小麦单产历史高产纪录。石家庄 8 号、石麦 15 等已累计推广 7481.5 万亩,年最大种植面积 1500 万亩,新增粮食 25.47 亿 kg,节水 29.83 亿立方米,创造了巨大的社会和经济效益。节水高产育种方法被国内外同行借鉴应用,推动了我国小麦节水高产育种理论与技术的研究与应用,并于 2011 年获国家科技进步奖二等奖。

小麦是四川第二大粮食作物,对于四川省农业生产和粮食安全起着重要作用。然而,近十多年来,由于小麦抗条锈基因资源单一,造成近年条锈病新小种大流行,已给四川省小麦生产造成了巨大损失。针对这一严峻现实,四川省小麦育种专家及时展开了挖掘条锈新抗源和抗病育种的研究,并取得了重大进展。针对四川省小麦品种产量低、抗性差、品质劣等问题,四川省农科院作物所利用人工合成小麦资源,在国际上率先育成了突破性小麦新品种"川麦 42"、"川麦 43"等 4 个小麦新品种。高产、抗病、抗逆、广适特性的突破性小麦新品种川麦 42 系列品种为四川及国家主导品种,示范推广效果显著,取得了重大的社会经济效益。2004—2009 年在四川、重庆、云南、贵州、湖北、陕西等地推广应用 5280 余万亩,增收 23.7 亿元,社会、经济效益显著。研究成果使我国在人工合成小麦育种应用方面居国际领先水平,2010 年获国家科技进步奖二等奖。

近年来,小麦、水稻、玉米三大粮食作物遗传育种领域研究硕果累累,取得多项国家级奖项及若干项省部级奖项,花生、油菜等经济作物遗传育种也取得突破性进展与成果。高产优质多抗"丰花"系列花生新品种培育与推广应用研究,针对我国黄淮花生主产区生产中存在的叶斑病、干旱、缺铁危害普遍以及主栽品种遗传基础狭窄、抗性差、普遍存在早衰现象导致果仁饱满成熟度差、产量低和品质差等问题,开展花生育种研究,培育出 6 个高产、多抗、品种各具特色的丰花系列花生新品种,先后被山东省确定为花生主导品种。丰花系列品种在山东、河南、河北、安徽、辽宁、江苏六省累计推广 5499.6 万亩,其中近三年累计推广 3359.3 万亩,2008 年种植面积占 6 省花生面积的 33.6%,占全国花生面积的 21.31%。累计增产荚果 22 亿 kg,新增经济效益 82 亿元,2010 年高产优质多抗"丰花"系列花生新品种培育与推广应用荣获国家科技进步奖二等奖。河南农科院在花生野生种优异种质发掘研究与新品种培育方面进行了多年研究,将单粒稀植高倍繁殖技术、海南加代繁殖技术与四级种子生产技术有机地结合起来,在提高种子质量的同时,提高繁殖系数,保证优质种子的供应,2011 年获国家科技进步奖二等奖。油菜是我国重要的经济作物和主要的油料作物。中国农业科学院油料作物研究所选育出集高产、稳产、优质、抗(耐)病、广适性等多个优良性状于一身的杂交油菜新品种"中油杂 11",2011 年获国家科技进步奖二等奖。

该品种含油量高,是国家(长江上、中游)审定的首个含油量超过 46% 的油菜新品种,同时该品种还具有适应性强、品质优的优势,在长江上、中、下游区试共计 87 个点次中,增产点次占 86% 以上,是首个同年通过国家长江上、中、下游三大生态区审定的品种。近两年来,经济作物育种科技的快速发展及应用推广,在调整农业结构、促进农民增收、增加油脂供给、保护农业生态环境、推动产业化和国际市场竞争力等方面发挥了重要作用。

2010—2011 年,以关键技术创新为核心、以技术集成为重点、以区域化技术体系为特色,全面开展了作物高产高效和现代技术研究,取得了显著成效。在超高产栽培、机械化栽培、资源高效利用、抗逆栽培方面取得多项重大成果,支撑了我国粮食连续增产。

针对黄淮区光温等资源特点,河南农业大学等在冬小麦和夏玉米一年两熟栽培技术多年实践基础上实现了重大栽培技术突破,阐明了半冬性小麦品种安全越冬、壮蘖大穗适期提早播种的机理和玉米壮根强株克服早衰延长生育期 10～15 天的途径,创建了小麦"双改技术"与夏玉米"延衰技术",实现了周年光热水资源高效利用;探明了基于土壤-作物水势理论的小麦-夏玉米高产节水原理,研制出智能化节水灌溉技术体系,实现了高产与节水同步;研制出适合两熟作物氮素需求的缓/控释肥专利产品,建立了两熟一体化土壤培肥施肥技术体系,实现了施肥技术简化高效。明确了黄淮区小麦、玉米超高产生育和养分吸收特征,创建出小麦-夏玉米两熟亩产吨半粮栽培技术体系,创造了百亩连片亩产小麦 751.9kg、夏玉米 1018.6kg 和一年两熟 1770.5kg 三个超高产记录,集成出适合不同生态区小麦-夏玉米两熟丰产高效栽培技术体系,实现了小麦夏玉米均衡增产,"十一五"期间累计增产粮食 674.2 万吨,创造社会经济效益 95.08 亿元,为河南粮食持续增产提供了重要的科技支撑,2010 年获国家科技进步奖二等奖。围绕提高海河平原资源利用效率,海河平原小麦玉米两熟丰产高效关键技术创新与应用也取得突破性进展。探明了海河平原高产小麦冬前积温和行距配置的光、温利用效应,揭示了高产玉米生育期调配的光、温利用规律,提出了小麦"减温、匀株"和玉米"抢时、延收"的光、温高效利用途径,小麦和玉米光、温生产效率分别较黄淮平原提高 10.9%、12.6% 和 31.6%、6.3%。探明了海河平原高产小麦和玉米农田耗水特征,建立了麦田墒情监测指标,创新了水资源最为匮乏地区小麦玉米两熟"减灌降耗提效"水分高效利用综合技术。小麦减灌 1～2 次,亩节水 50m³ 以上,平均水分生产效率达 1.95kg/m³,较黄淮平原提高 14.0%。揭示了海河平原高产小麦玉米养分效应和需求规律与高效施肥技术原理。自主研制了新型小麦玉米播种机和关键部件,突破了种肥底肥双层同施、小麦匀播和高产麦田大量秸秆还田后玉米精播等技术难题,实现了关键农艺创新技术的农机配套。探明了海河平原高产小麦、玉米群体调控指标,创建了小麦"缩行匀株控水调肥"、玉米"配肥强源、增密扩库、延时促流"高产栽培技术,集成创新了 3 套不同生态类型区的丰产高效技术体系,连创海河平原小麦、玉米大面积高产纪录。近 6 年 41 点次实现小麦 600kg、玉米 700kg 以上超高产,保持小麦亩产 658.6kg、玉米 767.0kg、同一地块(100 亩)两熟 1413.2kg 的高产纪录。2008—2010 年,在冀、鲁、豫、津应用 7261 万亩,增产 469.1 万吨,增加经济效益 76.2 亿元,年节水 8 亿～10 亿 m^3。通过光温资源高效利用、节水节肥、农艺农机配套和丰产高效理论与技术的创新,支撑了河北小麦、玉米单产大幅度提升,总产连续 7 年创历史新高,2011 年获国家科技进步奖二等奖。

玉米高产高效理论与栽培技术创新和集成是挖掘玉米潜力、提高玉米产量的突破口。中国农业科学院作物科学研究所李少昆团队等在玉米高产高效栽培理论与技术创新和集成领域取得了重大成果与突破,2011 年荣获国家科技进步奖二等奖。构建了玉米产量差(潜力)模型,明确了我国主要生态区玉米高产潜力突破和大面积高产高效生产的主要制约因素及技术优先序,提出了增穗、增加花后物质生产与高效分配的高产突破途径,建立了 13 套适应不同生态区域的玉米高产高效生产技术体系,发布实施地方标准 9 部,10 项技术模式被遴选为农业部主推技术,创造了一批玉米高产纪录。项目成果通过构建科技推广网络和信息化服务平台,在全国 16 个玉米主产省 76 个科技入户示范县推广,取得显著社会、经济效益。

近几年,随着国家农机政策的不断加强,我国农机化事业获得了空前发展,但数字化、精准化、自动化等高科技农业领域仍然是农机化的短板所在。随着由北京农业信息技术研究中心等单位主持完成的"数字农业测控关键技术产品与系统"获得 2010 年度国家科技进步奖二等奖,我国数字农业领域同国际领先水平的差距得以进一步缩小,项目中的多项成果更是填补了国内空白。该项目在作物与环境信息传感探测上,研究了农作物个体生命信息无损监测方法,可实现作物群体长势信息的无损探测及诊断,填补了国内空白。构建了自主产权的配套化、实用化测控技术产品体系,主要产品技术性能指标、稳定性、一致性和恶劣环境适应性达到国际同类产品水平,成本降低 50%～70%。成果在设施农业和大田生产的环境监控/灌溉/施肥/施药等方面大面积应用,节能 20%～30%,节肥水药 20%～50%。在全国 14 个省市累计应用 560 万亩、技术培训 1.3 万人次,增收节支 21.2 亿元。

精确定量化是栽培技术发展方向,现代农业栽培技术正从定性化向定量化栽培技术转变。水稻丰产精确定量栽培技术及其应用获得 2011 年获国家科技进步奖二等奖,是精确定量化栽培领域的一大突破。研明了不同地区、不同栽培方式、不同水稻品种类型高产形成规律,创立了水稻高产共性生育模式与形态生理精确定量指标及其实用诊断方法,实现了栽培方案优化设计与生产过程实时实地准确诊断;率先研明了土壤供氮量、目标产量需氮量与氮肥利用率 3 个关键参数的适宜值及确定方法,突破了高产、优质、高效协调的水肥耦合技术瓶颈,促进了我国水稻栽培技术由定性为主向精确定量的跨越,被农业部列为全国水稻高产主推技术。该技术应用后,比对照技术增产 10% 以上,节工 20% 以上,节氮 10% 以上,节水 20% 以上,增效 20% 以上。在 20 多个省(市、区)示范,累计应用 9918 万亩,增稻谷 640.1 万吨,增效益 163.5 亿元,并创造了江苏稻麦两熟制条件下水稻亩产 937.2kg、云南亩产 1287kg 的世界纪录。精量化栽培领域又一新的突破:土壤作物信息采集与肥水精量实施关键技术及装备获得 2011 国家科技进步奖二等奖。截至 2010

年,项目累计推广1100余万亩,增收节支总额达6.3亿元。近三年,在我国农产品主产区黑龙江、新疆、宁夏、河南等15个省(区)推广337余万亩,新增产量3500余万kg,新增利润1.35亿元,节支2.05亿元,节约化肥14000余吨,减少了土壤的板结、盐渍化和化肥流失,显著提高了肥料利用率,改善了农田生态环境,促进了我国精准施肥技术的发展,具有重要推广应用价值和广阔市场前景。

病虫害防治机理及防控关键技术领域近两年来也取得新进展。小麦赤霉病致病机理与防控关键技术,2010年获国家科技进步奖二等奖。首次完整地提出小麦赤霉病菌在小麦穗部的侵染扩展模式,明确了病菌毒素与细胞壁降解酶在致病中的作用;系统揭示了小麦抗赤霉病的细胞学机制;先后开发了两种防治赤霉病的多福酮杀菌剂和戊福杀菌剂,解决了我国小麦赤霉病化学防治中长期依赖单一药剂、而无替代药剂的被动局面,新药剂通过企业实现产业化,目前已经成为我国防治小麦赤霉病的主要药剂之一;明确了新药剂的作用机理,为新杀菌剂的田间大面积推广使用提供了理论依据;根据我国小麦种植区域赤霉病发生规律与杀菌剂抗性监测结果,提出我国小麦赤霉病分区治理策略,建立的小麦赤霉病防治技术体系在江苏、陕西、山东等省小麦种植区得到广泛应用。为解决我国小麦赤霉病的防治和食品安全发挥了重要的作用,总体达到国际先进水平。

三、作物学国内外研究进展比较

(一)作物学科发展现状、动态和趋势

近年来,作物学科学与技术发展发生深刻巨大的变化,生物技术与信息技术迅速发展并向作物科技领域渗透和转移,形成了以生物技术、信息技术为重点的现代作物学,推动了作物学科与其他学科的交叉、融合、渗透、分化和发展。作物学的基础研究与重大关键技术的重大突破和创新成为推动世界农业发展的强大动力。

纵观国内外作物科学与技术的发展现状、动态和趋势,具有以下显著特点:

1. 作物学科基础研究和高新技术研究取得突破性发展

分子生物学是作物科学的技术基础,是推动作物学科发展的新途径。分子生物学领域,形成了以功能基因组和蛋白质组学研究为方向,以多学科交叉融合为基础,微观与宏观相结合和传统技术与生物技术相结的研究体系。世界上一些发达国家,以作物学基础研究和高新技术研究作为突破口,通过生物技术和生物信息技术的创新应用,促进了以作物生产为核心的传统农业向优质、高效、无污染方向发展,显著提高了作物生产过程的可控程度和经济、生态效益。我国及一些发展中国家,以主要农作物高产、优质、高效品种改良结构技术为突破口,促进传统作物科技的跨越升级。国际农业研究磋商小组及其18个国际农业研究中心正在启动并加速主要农作物的基因组学研究,取得突破性进展,水稻、大豆、马铃薯等作物全基因组序列测定相继完成,为揭示作物生长发育和基因克隆提供了重要的信息平台。并将生物技术、信息技术、农田高效节水灌溉技术、精准施肥施药技术和环保型资源永续利用作为第二次绿色革命的主导领域,并孕育第三次绿色革命。

以作物基因工程和分子标记辅助选择为核心的现代作物生物技术加速实用化,基因

发掘与鉴定向规模化方向发展,为作物遗传改良提供丰富的基因资源。农作物品种改良实行生物技术与常规技术有机结合的技术路线,不断提高作物育种效率和定向水平。育种由以高产为主转向高产、优质、持久多抗性、广适应和资源高效等多目标性状的综合改良,由传统遗传改良向目标性状的分子设计育种方向发展,分子育种技术不断完善,为作物育种提供了有效的技术支持。功能基因发掘、定位、克隆及转基因育种与分子标记辅助选择相结合,成为作物品种改良的主要途径、方法,在抗病虫和抗除草剂转基因玉米、棉花、大豆、水稻和油菜品种选育等方面取得成功,并已进入商品化生产和大面积应用,取得了显著的经济和社会效益。

我国作物杂种优势利用居世界领先,世界各国也高度重视农作物杂种优势利用研究,在更多作物种类和更高水平上实现高产、优质、多抗和高效的有机结合。我国杂交水稻、杂交大豆、杂交油菜最具世界影响。利用空间物理诱变和化学诱变技术,促进基因突变、基因重组的人工诱变育种成就显著;采用染色体操作技术创造新物种、新种质应用于作物育种;并从理论和技术上提出了解决的方面和技术途径,取得重大进展。细胞工程育种技术实现程序化和工厂化。

农作物种质资源的基因发掘与基因主权成为各国作物学领域科技竞争的焦点。发达国家把更多的经费和人力投入到农作物育种材料、方法、技术改良和创新研究,着力突破基础理论,进一步拓宽作物遗传基础,建立了分子育种技术体系和分工协作体系,实行理论突破、技术创新、技术中试、工厂化转基因育种、安全性评价、新品种培育、示范和产业化等的分工协作,形成了工业化标准的育种产业链。使作物遗传改良育种逐步向工程化方向发展。基因组学、蛋白质组学研究与生物信息技术相结合,为农作物基因育种开辟了新途径和广阔前景,以"基因"为核心的作物生物技术已深入地转移到作物生理学、生态学研究领域,使传统作物生理、生态学向分子生理、生态学研究方向发展,逐步研究解决了传统作物生理、生态学研究领域的一些重大的难题,有力地促进了作物科学与技术的迅速发展。

规模化基因发掘成为争夺基因知识产权的主要手段。分子标记的开发与连锁图绘制,大大促进了以作图为基础的新基因发掘进展,新基因挖掘与鉴定的速度比常规技术提高了 40 余倍。通过各种人工作图群体、自然群体组成的关联分析群体,可在更精准的水平定位 QTL 和基因,特别是基于全基因组水平的关联分析将成为基因发掘的重要途径。

分子标记选择成为提高育种效率的重要途径。随着植物基因组学研究的发展,基因序列、基因表达序列(EST)及全长 cDNA 数量迅猛增长。大量的新型标记不断涌现,使分子标记育种正朝着对基因直接选择方向发展,大大提高了选择定向化和准确性。从全球来看,标记育种已涉及多种作物,但水稻、玉米、小麦、大豆等仍是主要的应用对象。从育种方式来看,标记育种主要用于回交育种和基因/QTL 聚合育种。

分子设计育种的发展使育种具有工程化特征。随着植物基因组学的迅速发展,对性状的认识已经从抽象的 QTL/基因到核酸序列的变化、从简单性状研究到复杂性状的解析、育种亲本的选择从性状互补向基因型互补转变。应用计算机模拟亲本选配、后代选择及理想基因型的出现几率,从而确定育种规模和方案成为可能。

体系化的分子育种成为生物种业成败的关键。作物分子育种体系化的趋势在国际上越来越明显。在育种实践中,把基于分子标记的选择方法与常规育种技术有机结合,形成分子育种技术体系。同时,积极整合优势力量,形成作物分子育种网络。此外,通过发展与品种配套的各种栽培和产业化技术,把品种示范和推广甚至知识产权保护纳入整个分子育种体系中。

生命科学领域的快速发展,大大提升了作物遗传育种研究水平,分子育种已成为作物育种发展的主要方向,并带动了生物种业的发展。

2. 作物学科的应用研究,更加注重技术创新集成和成果转化

作物学科应用研究具有很强的任务性、目标性和时间性,应用研究的显著特点是把基础研究的成果指导应用研究,强化技术创新集成,应用于解决作物生产发展中面临的重大问题,促进应用研究成果转化为现实生产力。

与欧美发达国家相比我国人均耕地少,我国作物生产要兼顾高产、优质和高效,主攻单产的提高将是进一步缓解人地矛盾的必然选择。近两年来,在应对化解这场粮食危机中,我国农业发展取得举世瞩目的成就,粮食实现"八连增",其中作物遗传育种与作物高产栽培技术的普及应用发挥了不可替代的作用。

加强作物学科应用研究,通过多学科交融互长,解决作物生产发展的限制因子,突破关键性障碍,创新技术强化技术集成转化,大幅度提高作物综合生产能力,改善农产品品质和质量安全水平,确保作物生产的高产、优质、高效、生态、安全综合目标的可持续发展,已成为我国和世界各国农业发展的共同战略。许多国家已开展了作物"最高产量研究"、"最大经济效益产量研究"和环境友好、资源永续利用研究。特别是近年来,由于全球气候异常变化等多种原因造成了世界性粮食危机,依靠科技进步确保粮食安全已成为世界各国的共识。早在1996年,在罗马举行的世界粮食问题首脑会议上,100多个国家的政府首脑及科学家明确提出:今后解决世界粮食问题及食物安全的有效途径,就是推行一次建立在可持续发展基础上的"新的绿色革命"。2009年1月召开的国际粮食安全会议一致认为,解决世界性粮食危机,并从长远消除引发粮食危机的根本措施之一就是要大力发展提高粮食生产能力的科技创新,并全力扩大技术推广应用。这是作物科技创新发展的重大历史任务。美国、欧洲等发达国家采取用现代高新技术的粮食科技战略,进一步积极发展粮食作物产业的以生物技术、信息技术为特征的现代农业产业体系,作物高产高效技术应用研究不断发展,在作物可持续高产、超高产、优质、高效栽培技术,作物病虫害综合防控、作物养分资源综合管理与高效利用,免耕与保护性耕作栽培体系,综合土壤质量管理、农田与作物生态系统优化管理、作物系统与农田系统的水分与养分管理、环境友好与作物健康管理、作物生产信息化管理和数字农作系统等方面的应用研究和技术创新,正呈现日新月异的发展态势。

信息技术在作物科技领域广泛应用。"3S"技术、微电子技术、远程通讯技术、遥感动态监测技术等多项信息技术已广泛应用于作物科技和作物生产。近年来,我国作物信息化技术研究与应用取得突破,不仅促进作物学科发展,而且有力地促进了现代农业的发展。目前,我国与世界各国同步发展,作物信息技术正在向标准化、智能化、实用化、国际化方向发展,作物信息技术服务向作物科技研究、指导作物生产、远程农技培训、农业技术机构、农业企业和广大农户不断拓展。

21世纪,科学技术特别是生物技术与信息技术的基础研究和应用研究的不断创新突破取得迅猛发展。在深入揭示植物生命奥秘的基础上,通过的以作物学科为核心的农业科学与更多学科的交融,从深度和广度上推进了作物学科的更新与拓展。以作物学基础理论和重大技术创新为先导,以信息技术为平台,促进作物学科和作物生产向现代高新技术产业化方向发展。

(二)我国作物学科发展与国际先进水平的比较

近年来,我国作物科学与技术研究在已有基础上又取得了重大新进展和巨大的应用成效,为保障国家粮食安全、生态安全、农民增收和农业可持续发展做出了重要贡献。但是,作物学科的发展水平与发达国家相比,特别是与我国社会经济发展的需求还存在较大差距。作物科技创新能力不足,尤其是原始创新不足,形成了对我国农业种植业高效可持续发展具有重大支撑作用的突破性成果较少,作物科技支撑能力和储备能力还不能满足保障国家粮食安全、生态安全和现代农业发展的需求。进一步部署和加强作物科学与技术的研究与创新,打破作物可持续发展的瓶颈,攻克作物科技发展的重大难题,为保障国家粮食安全、生态安全、农民增收和现代农业发展提供强有力的技术支撑和科技储备,将是一项紧迫、复杂而艰巨的历史任务。

1. 我国作物遗传与育种学研究的主要差距和问题

生命科学领域的快速发展,大大提升了作物遗传育种研究水平,分子育种已成为作物育种发展的主要方向,并带动了生物种业的发展。在国家相关科技计划支持下,我国已经建立了较完善的分子育种研究体系,在优质高产多抗新品种选育、分子技术育种等方面取得了显著进展。但与国际先进育种水平比较,我国遗传育种研究领域仍存在很大差距与不足。一是,新基因发掘与利用能力有待提高,我国拥有自主知识产权的基因非常少;二是,分子育种技术创新有待进一步加强;三是,育种目标不能适应市场的多样化需求,我国农作物育种以培育高产品种为主,缺乏优质型品种;四是,缺少具有国际竞争力的种业企业。

(1)新基因发掘与利用能力有待提高。我国拥有自主知识产权的基因非常少。对基因资源的表型性状缺乏精细鉴定评价,同时,缺乏高效的新基因发掘技术平台。

(2)分子育种技术创新有待进一步加强。我国作物育种技术研究在深度和广度上明显不足,分子育种技术与常规育种技术缺乏有机的结合,缺乏低成本、实用性强的分子标记检测技术。

(3)育种目标不能适应市场的多样化需求。我国农作物育种在过去相当长的时间内以增加总量为主要目标,以培育高产品种为主,缺乏优质型品种,生产目标单一,优质化和工业专用化程度低。

(4)缺少具有国际竞争力的种业企业。目前已经有60多家外资种子公司在我国注册,抢占我国市场,已对国内种业造成了较大的威胁。国内大多数种子公司绝大部分企业还停留在简单的种子生产和经营上,规模经营水平低,抵御风险的能力弱。

2. 我国作物栽培学研究的主要差距和问题

与欧美发达国家相比我国人均耕地少,一方面想法利用一切有效土地,农田的生产条件差且差异大,自然灾害频繁,栽培技术研究难度大。另一方面除高寒地区外,多是一年二熟或多熟,经济薄弱,集约化规模化程度低,难以大规模地专业化和大型机械化,劳动生产率难以达到欧美发达国家的水平。因此,我国作物生产要兼顾高产、优质和高效,主攻单产的提高将是进一步缓解人地矛盾的必然选择。

近年来全球出现了新一轮粮食、能源双重危机,粮食、能源价格持续大幅上扬,世界各国均把提高粮食产量作为农业的重中之重,寻求替代石油等能源作物的研究迅速兴起。近两年来,在应对化解这场粮食危机中,我国农业发展取得举世瞩目的成就,粮食实现"八连增",其中作物高产栽培技术的普及应用发挥了不可替代的作用。我国作物栽培技术与国外相比,在多熟制、高产等方面特色鲜明且并不逊色,但与欧美发达国家以机械化、信息化为主的规范化、定量化、规模化、集约化栽培,以及设施农业栽培、化学调节剂应用、技术推广服务体系等方面仍有很大差距。

(1)作物栽培学基础理论研究薄弱。关于作物高产、优质、高效、生态、安全栽培的理论问题研究尚未取得突破性进展。作物光合性能、源库流性能和产量构成三大理论与作物高产、优质、高效目标实现的内在关系、作用机制和调控原理与途径的研究还欠深入;作物生长发育和产量与品质形成规律和机制,及其与环境变化的相互关系还不明确;作物产品产量与品质协同、作物逆境适应性与抗逆性的机制,作物对水、肥、光照等营养代谢与高效利用的机理,作物光合、吸收与运输支持三大器官间的协调原理,作物产品中蛋白质、淀粉等主要营养品质与微量营养元素品质的协同关系等重要生理、生态理论研究相当薄弱;农艺措施投入和运筹对作物生长发育、产量和品质形成的真实机制,农艺措施投入和运筹对作物生长发育、产量和品质形成的真实机制,农艺措施投入的高效性和稳定性及其与环境变化适应性理论等尚未突破。以上重要的理论研究大部分停留在群体、个体、器官或细胞学水平上,尚未将分子生物学、生物信息学引入作物栽培理论研究。作物栽培理论研究与作物遗传育种学科理论研究水平及与发达国家的作物生理学研究水平相比,差距明显。这也是栽培技术创新不足、发展慢、水平低的至关重要的原因。

(2)栽培技术创新水平较低。虽然对粮、棉、油等主要作物的高产高效耕作栽培技术研究多,但对主要作物基于高产、优质、高效、生态、安全综合目标的栽培技术研究创新还很薄弱,诸如作物对环境资源高效可持续利用技术、作物产量、品质、效益"三效"协调提高技术,控制农用化学品(地膜、化肥、农药)投入以降低残留对环境(水、土)和农产品污染,保障环境生态安全和农产品质量安全等重大难题还未从根本上解决。创新的栽培技术的效果可持续性、经济可合算、对环境变化的适应性和技术可拓展性、技术可装备性等方面还较差。适用于不同农作物优势产区布局的高产、优质、高效栽培技术与耕作制度体系、作物农田生态系统优化和区域光、热、水资源优化配置高效利用技术体系、无害化栽培技术、精准农业(3S)技术和数字农作技术与作物信息化管理等研究,与现代农业发展的重大需求及发达国家水平存在较大差距。

(3)栽培学科建设和学科配套亟待提高。作物栽培学科由于多种原因和发展历史背景,作物栽培科学研究和学科队伍建设长期不被重视,特别是 21 世纪,作物科学强调生物技术育种和信息技术,因而栽培学研究困境尚有未根本转变。虽然我国从"十五"计划以来,政府部门重视和加强了作物栽培学的科技立项和学科建设的投入,研究条件有所改善,人才队伍有所加强。但从全局和整体上看,作物栽培学学科建设仍较落后,人才力量严重不足。不仅与国家现代农业发展的需求不相适应,也与作物学科的其他分支学科建设水平差距很大。特别是我国还存在重育种、轻栽培的倾向和认识误区,造成学科分离、结合不紧、不配套问题十分突出,严重地影响作物栽培学科的发展。随着世界和我国粮食等作物产品的持续增长需求,作物栽培以"高产、优质、高效、生态、安全"为综合目标,形成了超高产技术、优质高产协调技术、精准定量技术、资源高效利用与节能减排技术、全程机械化技术、轻简技术、大面积均衡增产技术等重要研究内容和主攻方向。

作物栽培学科是一门综合性和应用性很强,直接服务作物生产的应用学科。由于多种原因,我国作物栽培科技很不适应作物生产与科技发展的需求,栽培的重大科技成果少,技术储备不足。因此,作物栽培的研究体系和队伍建设亟待加强,特别是在生产者技术水平与劳动者素质下降的形势下,健全技术推广体系、发展专业化服务组织尤为重要与迫切,以推动作物大面积增产,在保障粮食安全中发挥更大的作用。

因此,针对作物遗传育种学科及作物栽培学科与国际前沿水平存在的差距与问题,"十二五"期间作物学科还具有非常大的发展空间与潜力,作物学科领域应壮大科研队伍,提高科研水平,作物遗传育种学科要以国际前沿的研究方法与手段来提高学科科研水平,作物栽培学科要加强技术储备,凝练科技成果,健全技术推广体系。作物学科要站在世界作物科学领域前沿,在保障粮食安全中发挥更大的作用。

四、作物学科发展趋势及展望

作物科学的根本任务是探索揭示作物生命活动(生长发育、产量与品质形成)规律和作物重要性状遗传变异规律的基础上,研究作物遗传改良、作物营养、作物抗性、作物生长发育、作物产量与品质形成、作物对环境的适应与资源永续利用等的调控基本原理和途径与方法,培育作物优质品种和创新集成等作物高产、优质、高效、生态、安全栽培技术,相互配套应用于作物生产。为保障国家粮食安全、生态安全、健康安全和现代农业可持续发展,提供可靠的科技支撑和储备。新的科技革命正在日新月异地迅猛发展,作物学科与农业科学各学科及数学、物理、化学、生命科学和航天等学科相互交融、渗透,在国家经济建设和社会发展需求的驱动下,推动和促进了作物学科的发展。

2011年全国粮食总产量57121万吨,不仅实现了"八连丰",更是创下了新中国成立以来的新纪录,达到了2020年粮食产能规划水平。但从中长期发展趋势看,受人口、耕地、水资源、人力资源、气候、能源、国际市场等因素变化的影响,我国粮食和食物安全将面临严峻挑战。一方面粮食消费需求呈刚性增长,粮食生产总量持续增长的难度越来越大,粮食生产实现八连增是在党中央和国务院进一步加大粮食生产扶持力度,各级政府积极开展粮食稳定增产行动,面积稳中有升,科技支撑力度明显加大,高产作物种植面积增加,农业气候条件总体偏好情况下取得的,来之不易;另一方面,由于种植结构的调整,大豆、棉花等作物种植面积大幅下滑,大豆、棉花大量进口替代了一部分土地资源,对稳定水稻、小麦、玉米等粮食作物面积发挥了重要作用,但其潜力已十分有限;第三,随着工业化和城镇化进程的加快,耕地仍将继续减少,宜耕后备土地资源日趋匮乏,今后扩大粮食面积的空间极为有限。第四,在作物间、区域间、田块间的产量和增产潜力差异巨大,特别是还有2/3 的中低产田亟待提升。第五,2011 年,全国粮食单产达到 5166kg/km²,比 2010 年提高了 192kg/km²,提高幅度达 3.9%,单产提高对增产的贡献率达到 85.8%。因此,持续增加作物单产、促进大面积均衡增产是这一阶段的作物栽培必须攻克的科技目标。从现实产量与品种潜力来看,我国主要粮棉油作物大面积实际产量水平与高产品种的产量潜力和高产、超高产田的单产水平差距高达 50% 以上,因此,依靠科技应用,进一步持续提高单产是能够实现的。

我国在作物分子育种方面应立足于国家粮食安全与农业可持续发展的重大需求,充分利用丰富的作物基因资源,重点开展农作物基因资源和重要性状形成的遗传和分子生物学理论基础研究,实现作物分子育种的重大科学突破;通过整合上、中、下游科技资源,大规模开展新基因发掘,通过包括分子标记育种、分子设计育种在内的分子育种技术原始创新,构建作物分子育种技术体系,从材料创制、品种选育及产业化 3 个层次实现重点突破,不断促进我国作物分子育种技术升级和产业发展。

作物栽培以"高产、优质、高效、高效、生态、安全"为综合目标,形成了超高产技术、优质高产协调技术、精准定量技术、资源高效利用与节能减排技术、全程机械化技术、轻简技术、大面积均衡增产技术等重要研究内容和主攻方向。现有大量高产栽培技术要求精细、技术环节多且复杂,集约化、机械化程度低,因此,作物栽培过程简化高效、全程机械化、信息化、标准化也是这一阶段的主攻方向。我国作物生产过程中,水、肥、药等资源利用率低,如氮肥利用率一般 30% ~ 35%,远远低于发达国家 60% 左右的水平。同时,随着全球气候变暖,温光资源需要进一步优化拓展利用。因此,挖掘资源利用潜力,提高资源生产效率又是该阶段的主攻方向。

(一)未来十年我国经济社会及发展对作物科学与技术的重大需求

1. 我国经济社会发展对作物科技的总体需求

提高作物科技创新能力与水平,以作物科技进步大力提高以作物生产为主体的农业综合生产能力和农作物产品科技含量,提高土地产出率、资源利用率和劳动生产率,增强农业抗风险能力、国际竞争能力和可持续发展能力,保障国家粮食安全和主要农产品有效供给,促进农业增效、农民增收,为经济社会全面协调可持续发展提供有力的科技支撑。

2. 重大技术需求

实现建设创新型国家的宏伟战略目标,对作物科技发展提出了更强的战略需求。

(1)确保粮食安全和农产品有效供给,迫切需要提高粮、棉、油等主要作物生产能力的重大创新技术。保障国家粮食安全和主要农作物产品有效供给的任务日益艰巨,迫切需要作物科技进步提高粮、棉、油等作物生产能力。到 2020 年,我国人均粮食消费 395kg,粮食需求总量将达 5.725 亿吨,保持国内粮食自给 95%,则需要在现有基础上再增加 500亿 kg 以上的粮食生产能力。面对未来我国人口增加、耕地减少、水资源短缺和生态环境恶化的多重压力,依靠现有的品种改良和作物栽培技术来实现粮、棉、油作物的稳定持续增产的难度不断加大,迫切需要作物育种和栽培技术的创新突破,不断提升作物综合生产能力和产量水平,保障粮、棉、油作物生产能力迈上新台阶。

(2)建设现代农业不断加快,迫切需要依靠作物科技进步促进农作物产业升级。随着我国现代农业规模化、产业化进程加快,农业作物产业功能将进一步向多元化发展,产业领域进一步拓展,产业链进一步延伸,对作物科技需求发生深刻变化。迫切需要作物科技在生物技术、信息技术等高新技术领域取得突破,占领作物科学领域国际高新技术制高点,促进农业科技升级跨越和农业产业结构优化,建立与现代农业发展相适应的作物科技支撑体系。

(3)农业持续发展面临的生态环境恶化压力日益严重,迫切需要作物科技创新增强农业可持续发展能力。我国农业及主要作物生产面临着耕地质量下降、生态环境恶化和污染加剧、水资源短缺严重、自然灾害频繁等严峻的生态逆境问题,迫切需要抗逆、广适应、节水耐旱与光、温、水肥高效的高产稳产优良品种和环境友好、生态安全、抗逆、资源高效型高产稳产栽培技术的创新集成应用,以保护农田生态环境,缓解环境资源压力,实现农业和作物生产的可持续高效发展。

(4)应对全球不确定因素和气候异常变化的影响,迫切需要作物科技进步,增强农业和作物生产抵御风险的能力。经济全球化进一步加剧了农业及粮、棉、油等主要农产品的国际贸易竞争。我国粮食供求将长期处于趋紧态势,粮、棉、油等主要农产品供求和贸易难度加大。全球气候变化造成旱、涝、冷、冻、风灾日益趋重,对粮、棉、油等作物生产的不利影响愈加凸显;近期爆发的全球金融危机对我国农业和粮、棉、油生产发展也造成新的影响。农业及粮棉油生产发展面临的风险明显增加。所以,应未雨绸缪,主动地有效应对全球气候变化和金融危机对我国未来的农业和粮食安全带来的诸多不利影响。对作物科技来说,立足自主创新为主,并借鉴国际发达国家应对气候变化和国际市场竞争的农业及作物科技相关研究思路、重点内容和手段,基于我国因气候变化影响造成的农业生态环境变化特点和国际市场竞争对作物产品品质与质量安全的焦点问题,从作物品种改良和作物耕作栽培制度与重大关键技术创新集成配套两个方面,主动有效地应对和抵御这些风险。为最大限度地减轻气候变化和国际竞争对我国农作物生产的不利影响,为确保粮食安全、生态安全和农业可持续发展提供强有力的科技支撑。

(5)服务国家,赶超国际先进水平,迫切需要作物科技不断创新进步。随着新的科技革命的迅猛发展和我国经济社会发展进入新的阶段,作物学科的任务、目标和领域已发生深刻的变化。服务于国家经济社会发展的重大需求,瞄准和跟踪国际作物学科发展前沿,立足自主原始创新和引进再创新,攻克我国农业和作物生产持续高效发展中的障碍和重大难题。同时,根据学科自身发展规律和国际作物学科发展的新特点与新趋势,针对学科发展中存在差距和问题,不断加强作物科学与技术的原始创新、集成创新和引进消化吸收再创新,大幅度地提自主创新能力和水平,在作物科技的基础研究、应用基础研究、前沿高科技研究、共性关键技术研究、技术集成示范应用等方面取得重大突破性进展和成效,进一步夯实学科建设、人才与创新团队建设、科研条件建设和创新文化建设等基础,建立适应并有力支撑现代农业可持续发展的现代作物科学技术体系。为我国粮食安全和农产品有效供给,促进农业增效、农民增收和经济社会发展做出新的更大贡献。

3.作物遗传与育种学科近十年目标和前景

(1)构建分子育种技术平台,提高我国作物育种自主创新能力

从作物育种产业的源头上强化技术创新整体布局,提高原始创新和持续创新能力,并集成现有育种技术,构建适应新时期作物育种发展要求的技术创新体系,增强我国作物新品种培育的自主创新能力。

(2)突破分子育种关键技术,提升我国种业核心竞争力

瞄准国际前沿和发展趋势,培养一支高水平的创新研究队伍。以此突破分子育种中基因挖掘、多基因聚合、品种分子设计等关键技术,培育具有突破性的作物新品种,显著提升我国种业的核心竞争力,缓解国外种业对民族种业的冲击。

(3)培育高产优质多抗高效作物新品种,满足国家重大需求

以保障国家粮食安全、生态安全、农民增收为重大目标,集成为分子育种技术和常规技术,培育高产、优质、抗病虫、抗逆(干旱、盐碱、高温、低温等)、养分(氮磷钾等)高效利用型作物新品种。

4.作物栽培学科近十年目标和前景

持续增加作物单产、促进大面积均衡增产是这一阶段的作物栽培必须攻克的科技目标。从现实产量与品种潜力来看,我国主要粮棉油作物大面积实际产量水平与高产品种的产量潜力和高产、超高产田的单产水平差距高达50%以上,因此,依靠科技应用,进一步持续提高单产是能够实现的。

同时,现有大量高产栽培技术要求精细、技术环节多且复杂,集约化、机械化程度低,因此,作物栽培过程简化高效、全程机械化、信息化、标准化也是这一阶段的主攻方向。

此外,我国作物生产过程中,水、肥、药等资源利用率低,如氮肥利用率一般30%~35%,远远低于发达国家60%左右水平。同时,随着全球气候变暖,温光资源需要进一步优化拓展利用。因此,挖掘资源利用潜力,提高资源生产效率又是该阶段的主攻方向。

(二)发展趋势预测

国家经济社会和现代农业发展的需求直接推动了作物科学的发展。现代科学技术的发展,特别是数学、物理、化学、航天、生物技术和信息技术等学科对作物学科的渗透、融合,促进了作物科学与技术的发展。未来10年,我国作物学科发展具有以下趋势和特点。

1.重要性状形成的分子机制研究日趋深入

未来20年,抗逆、抗病、开花、发育调控、产量形成等与作物农艺性状密切相关基因的分子机制将逐渐解析。一些重要的代谢途径逐渐被揭示,使现代作物分子育种的基础研究不断深化,为作物遗传改良奠定了良好的信息和理论基础。

2.具有育种利用价值的重要基因更加丰富

作物新基因鉴定及育成新品种的速度大大加快,重要基因的发掘和鉴定进入规模化时代,并对大量复杂性状进行全面遗传解析,发掘重要功能标记,直接为育种服务。

3.分子育种技术为育种提供了更有效的技术支撑

分子标记技术和转基因技术是分子育种的核心技术。分子标记育种逐步向简便、实

用、经济的方向发展,将会特别对作物产量等复杂性状的改良发挥重要作用。转基因技术是对基因进行定向改造、重组转移的农业高新技术,未来 20 年,第二代和第三代转基因产品将逐步进入市场,并不断向医药、化工以及能源等领域拓展。

4. 加强作物高产优质形成的理论与技术研究

揭示作物可持续高产形成的高效调控及其源、库、流高效性能的生理生态机制,阐明高产发育机理及作物逆境生理基础,建立产量、品质形成与资源利用协调机制与技术途径。

5. 重点开展高产高效与轻简化技术研究

以充分挖掘品种现有潜力和缩小不同产量层次差为目标,采取关键技术创新与综合技术配套,提升我国作物生产水平。以高产突破为核心,创新不同区域不同作物的超高产关键技术。

以大面积均衡增产为核心,建立轻简化精准管理高产高效技术体系。

以高肥水效率和抗逆能力为核心,研发省肥节水高效技术和旱作节水抗逆技术,提高作物生产能力的可持续性。

6. 现代作物生产规模化和机械化栽培技术体系

以提高粮食生产的规模化和精准化技术水平为目标,进行农艺农机结合,重点研究作物生产过程中的全程机械化作业,建立高度机械化、规模化生产条件下的精准生产技术体系。

(三)作物学科发展目标和研究方向建议

1. 作物学科发展思路与目标

(1)发展思路

作物学科发展必须以科学发展观为指导、按照全面建设小康社会和建设现代农业的总体要求,围绕保障国家粮食安全和农产品有效供给、生态安全和增加农民收入的战略任务,认真贯彻"自主创新、重点跨越、支撑发展、引领未来"的发展方针,坚持"夯实基础、强化创新、拓展领域、加速转化"的发展思路,瞄准国际作物科学与技术发展前沿,以加强和提高作物科技自主创新为中心,大力加强作物科学重大基础研究和以生物技术,信息技术为主的高新技术研究,促进保障国家粮食安全和农产品有效供给、维护生态安全,促进现代农业可持续发展的重大关键技术的创新与突破,拓展作物学科发展领域,全面提高作物科技自主创新能力和作物科技成果转化推广能力,促进现代农业和作物学科不断发展,跨入国际先进行列。

(2)发展目标

2012—2020 年我国作物学科发展目标是:建立符合我国国情的作物科技创新体系,突破一批事关农业及粮、棉、油料等作物生产可持续高产、优质、高效、生态、安全全局的重大关键技术,取得一批重大突破性科技成果,作物科技自主创新能力显著增强,科技成果转化能力显著提高,作物科技的国际竞争能力显著提升。我国作物科技整体水平跃居国际先进行列,发展成为世界农业和作物科技强国。

2.作物学科发展的研究方向建议

根据《国家中长期科学与技术发展规划纲要(2006—2020)》和《国家粮食安全中长期规划纲要(2008—2020)》、《农业及粮食科技发展规划(2009—2020)》的要求,作物学科发展的重点方向是:加强作物科技重大基础研究,攻克农业和作物生产发展的重大关键技术,发展高新技术,加快作物科技成果转化推广,推进作物科技创新发展能力建设。

(1)作物学科重大基础研究方向

作物遗传育种的基础研究方面重点研究:①作物育种重要性状形成与遗传的分子生物学基础,深入开展作物产量、品质、抗性与营养元素高效利用等重要农艺性状和作物生长发育及重要生理生化代谢与信号传导途径的功能基因组、转录组、蛋白组、代谢组学研究;②分离和克隆具有自主知识产权和重大经济价值的高产、优质、抗病虫、抗逆(抗耐旱、盐、寒、高温)等重要性状的相关功能基因及其表达调控元件,阐明作物重要性状形成与遗传的分子机制和调控机制;③研究作物分子设计育种的理论和方法,建立品种分子设计育种技术体系,为培育突破性新品种提供理论与技术支撑;④研究主要作物细胞培养高频率再生、细胞操作中的基因型依赖性、特异染色体片段的准确识别与跟踪技术,探索高效诱变新途径和解析诱发突变的分子模型及作用机理,为建立 TILLING 等目标突变体高通量定向筛选关键技术体系提供理论支持;⑤继续开展作物杂种优势形成的遗传学基础、杂种优势的表达与调控及其机理、控制杂种优势的功能基因及其基因结构和表达调控机理,揭示杂种优势形成的分子生物学机制。通过基础研究,为作物新品种培育的育种方法与技术的重大突破和进步,提供理论支撑和指导。

作物栽培学基础研究方面重点开展:①作物可持续高产、超高产的产量性能要素形成的高效调控机制,高产群体构建及其源、库、流性能高效生理生态机制,作物光合性能与产量形成内在机理和高光效与高产控潜机制及途径,作物高产发育机理及作物逆境生理;②作物品质形成生理、生态机制,产量与品质协同和调控机制与途径;③作物系统周年增产与资源增效的要素配置理论与优化策略,作物产量、品质形成与资源利用的协调机制,作物系统生产力对气候变化的响应机制和农田生态系统优化理论与调控机制及途径。通过以上作物高产、优质、高效、生态、安全目标下的作物栽培生理、生态的基础与应用基础研究的突破,为栽培重大关键技术创新和集成创新与应用,提供理论支持和指导。

(2)作物高产、优质、高效、生态、安全的重大关键技术创新研究方向

作物遗传改良与育种技术创新方面重点开展:①作物基因资源的挖掘与利用研究,建立作物重要性状(产量、品质、抗病虫性、抗逆性、养分高效)精确鉴评指标和技术体系,发掘有重要利用价值基因和优异资源以及优异基因聚合的新种质;②加强作物分子标记技术研究,大规模标记主要作物种质资源中高产、优质、抗逆、抗病虫和营养高效基因,建立多性状标记辅助选择及多性状标记辅助导入的技术体系,通过分子标记聚合育种技术改良现有优良品种的目标性状,创造优异的新种质和新材料,培育突破性新品种;③建立高效、安全的作物转基因技术体系,重点研究玉米、小麦等作物的农杆菌介导转化技术和棉花、大豆等双子叶作物的高效大规模转化技术,培育转基因作物新品种;④创建作物分子设计育种技术体系,重点研究建立作物重要性状从基因到表型的路径模型、不同作物在不同生态条件下的理想基因模型、作物杂种优势预测模型,研制分子设计育种计算机软件系

统,制订作物改良的亲本选配和后代选择策略及其育种过程的各项指标的模拟优化等,建立分子设计育种方案;⑤继续开展作物细胞工程育种和诱变育种技术研究,建立高效育种技术体系;⑥作物杂种优势利用技术研究的重点是突破分子标记技术和功能基因组学技术在杂种优势的应用,研究新型不育系及强杂交种优势亲本选配和规模化高效种植等杂种优势利用技术。通过以育种技术的创新和集成应用,紧密结合常规育种技术,建立高效育种技术体系。培育突破性的高产、优质、多抗、广适应新品种,优质功能型作物新品种;资源节约高效型和能源作物新品种;应对全球气候变化,适应不同气候条件和高 CO_2 浓度下的广适应性、产量与品质稳定的新品种。为确保国家粮食安全、生态安全、农民增收和现代农业可持续发展提供品种和育种技术支撑。

作物栽培技术创新与集成研究方向:紧紧围绕农业及粮、棉、油作物产业发展目标,按照高产、优质、高效、生态、安全的要求,以提高作物生产能力,增加作物产业效益为核心,研究攻克农业和粮、棉、油等作物产业持续发展急需解决的技术难点,创新重大关键技术,为提高农业综合生产能力、保障国家粮食安全和农产品有效供给提供科技支撑。重点研究方向是:①加强稳步提高粮、棉、油等作物生产能力的高产优质高效栽培关键技术研究,重点突破水稻、玉米、小麦、马铃薯、棉花、大豆、油菜、花生等作物可持续高产、超高产、优质高效栽培技术创新,加强大面积丰产高效简化栽培技术的集成创新,加强新型高效农作制度及粮、经、饲、园艺作物的合理间、套、轮作的高效种植体系创建,为促进农业种植结构优化调整,提升我国粮、棉、油等主要作物综合生产能力和产业发展能力提供技术支持;②加强以保障农业及粮、棉、油等作物生产环境安全为目标的生态、安全、环境友好栽培技术创新研究,重点加强作物生产中化学品投入(化肥、农药)对农田土壤和水资源污染及农产品残留污染、农田 CH_4 及 CO_2 高排放的防控栽培技术,作物生产节能减排和作物非生物灾害防控及应对全球气候变化的栽培关键技术研究与创新,建立生态安全、环境友好栽培技术体系;③加强作物生产简化、精确定量化的高效栽培技术和数字化农作技术的研究与创新,重点开展作物生长信息快速获取与智能化处理、作物生产的定向数字化设计与管理、农田作物精准作业导航与变量作业控制、知识网络等数字农业技术研究,集成建立作物生产精准作业系统和数字化农作技术体系,提高作物生产信息化水平;④加强农业资源高效利用技术研究创新,重点开展作物节水高效栽培技术、旱作农业技术、保护性耕作技术和土壤培育与作物高效施肥技术创新研究和集成转化,提高作物水、肥及投入资源的利用效率。通过以上栽培技术创新与集成转化,为提高作物综合生产能力、作物产量和质量安全水平,保障国家粮食安全和农产品有效供给,提供可靠的技术支撑和储备。

(3)进一步加强作物科技发展能力建设,提升作物学科学与技术水平

作物科技发展能力建设是促进作物学科发展、提升作物科技自主创新能力的重要保障。作物科技发展能力建设是一项系统工程,必须建设一流的研发条件和创新环境,形成一流的作物科技创新体系,培养一流的创新人才和创新团队,三者相辅相成,缺一不可。必须以科学发展观为指导,坚持突出重点、瞄准国际作物科技发展前沿、立足自主创新,着力改进作物学科发展中存在的问题和差距。重点加强作物科技平台、作物产业技术体系和优秀人才培养三大工程建设。尊重和发挥作物学科技人员的首创精神,促进作物科学与技术发展水平跃入世界一流水平,谱写作物学科改革发展的壮丽篇章,为建设全面小康

社会和创新型国家做出更大贡献。

作物遗传育种研究方向与项目建议：

(1)作物高效分子育种技术研究

以创新作物分子育种技术为目标,重点攻克分子标记育种、品种设计等关键技术瓶颈,及其与常规育种技术有机结合的技术瓶颈,为创制优良新品种提供技术支撑。

分子标记育种关键技术:采用基因组学和生物信息学的理论和方法,开发主要作物重要性状基因的新型分子标记;精细定位高产、优质、抗逆、抗病虫、资源高效利用等重要性状基因/QTL,挖掘紧密连锁的分子标记,建立高效、大规模的分子标记辅助选择和聚合育种技术体系,创制优异育种新材料。

品种设计关键技术:解析作物重要农艺及经济性状的代谢途径;建立重要性状的基因组数据库、蛋白质数据库等,构建品种设计信息系统。研制多基因整合或分子标记聚合技术,形成品种设计工程技术体系。研制数字植物模型;基于品种设计,创制作物新种质。

(2)加强作物育种理论基础

解析重要性状的遗传规律、基因表达调控网络、代谢途径调控机制,阐明重要性状形成的分子基础,建立作物分子育种理论基础与技术体系。以挖掘作物高产、优质、多抗、高效性状为目的,研究内部发育信号和外部环境信号,构建作物复杂性状的代谢网络理论研究。

(3)作物资源创新

建立重要性状(农艺性状、抗病虫性、品质性状、抗逆性、营养高效等)精准鉴定评价指标和技术体系;全面系统评价我国作物资源,发掘一批有重要利用价值(高产、优质、抗旱、耐盐、耐冷、耐瘠、抗重金属、抗病、抗虫性、营养高效、功能性食品特性)的优异基因资源;采用高效育种技术创造新资源和优良育种材料。

(4)实现转基因育种高效、安全化

通过基因克隆与确认技术、规模化转基因技术、转基因安全评价技术构建高效的转基因育种技术平台,选育转基因作物育种材料,培育出转基因作物新品种。发展转基因育种技术,使转基因育种体系高效、安全化,培育高产、优质的转基因作物新品种。

(5)快植物新品种分子设计研究与实践

通过研究公共生物信息数据库,基因组和蛋白组研究数据库构建品种分子设计信息平台,以标注辅助选择技术与转基因技术武装分子设计育种技术平台。加快品种分子设计模型构建、亲本选配模拟、后代选择模拟、品种分子设计模型验证,以培育高产、优质、抗性、高效新品种。

(6)加强作物杂种优势利用与新品种培育

通过杂种优势利用技术与资源优势相结合,创造具有重大应用前景的优异育种材料和新品种。研究复杂遗传性状的统计模型,分析杂种位点的效应,研究杂种优势的遗传学基础。研究控制杂种优势的功能基因,揭示这些基因的结构、表达调控机理、表达产物、代谢功能。

(7)主要作物新品种创制

针对我国农业发展新阶段对农作物新品种的重大需求,根据不同生态区的主要农作物育种目标,以提高产量、改善品质、增加抗性为重点,采用分子标记、细胞工程、诱变育种等技术,结合常规育种技术,聚合高产、优质、抗病虫、抗逆、营养高效利用等基因,创制有重大应用价值的新种质,培育突破性新品种,为提升我国粮食综合生产能力、增加农民收入、保护生态环境提供技术支撑。

(8)产业化技术创新体系

建立和完善种子产业化技术创新体系,培育从事作物新品种研发和产业化的种子企业,提升企业的作物育种技术创新能力,促进新品种培育、示范、推广、销售一体化运营,健全种子产业链条,推进我国优良品种的产业化进程。

作物栽培研究方向与项目建议:

为了满足国家对优质安全农产品持续增长和环境改善的需求,作物栽培学科要围绕"高产、优质、高效、生态、安全"综合目标,强化研究强度和深度、提高成果水平。栽培学所涉作物生产各个环节,区域性强,急需研究内容很多,但当前主要要加强作物超高产、优质高效、安全、轻简化、机械化、抗逆稳产、栽培理论与技术的研究,并积极发展现代农业栽培技术,当前主要为以下方向。

(1)作物超高产栽培理论与技术

主攻水稻亩产 1000kg、小麦 800kg、玉米 1100kg 以及其他作物超高产栽培理论与技术,挖掘作物更高产潜力,并转化为作物大面积高产的新途径,为作物高产创建提供强有力的技术支撑。

(2)优质高产协调栽培理论与技术

农产品的外观品质、加工品质、营养品质和适口品质等和高产之间既有一致性,又有矛盾性和复杂性。既要主攻高产、又要改善品质,要解决品质和高产的统一,实现专用化栽培、标准化栽培。

(3)农作物安全栽培理论与技术

针对当前作物高产过多依赖化学投入品,破解农产品安全和高产的重大难题,提高肥药利用效率,把生产过程、产品的有害物含量控制在对人体健康、环境安全的范围内,在作物无公害、绿色、有机栽培关键技术上要有突破。

(4)轻简栽培技术

随着我国农村劳动力的转移,作物要高产、技术要简化,已成为我国新时期作物生产目标和技术的基本要求。运用作物高产生态生理理论,借助于现代化工、机械、电子等行业的发展,研究轻简栽培原理与技术精确定量化,建立"简少、适时、适量"轻型精准的高产栽培技术体系。

(5)作物机械化高产栽培技术

作物机械化栽培是现代作物生产发展的基本方向。按高产要求研发新型农业机械,研究农艺、农机配套技术,建立作物优质高产高效的全程机械化高产栽培技术体系,大幅度提升生产集约化程度和生产经营规模。

(6)节水和抗旱栽培技术

研究作物高产需水规律与水分胁迫的生长补偿机制,建立减少灌水次数和数量的技术途径和高效节水管理模式,促进我国华北、西北和西部等广大地区旱农的可持续发展与南方水资源的高效利用。

（7）现代生态农业及栽培配套技术

以秸秆还田为核心，研究秸秆还田的农田生态效应，研究机械化为主的秸秆还田简便实用方法，建立秸秆还田与保护性耕作技术（少免耕）及其配套的栽培技术，解决我国复种指数高、用地与养土难以协调的突出矛盾。同时研究种养结合等现代生态农业、循环农业及其配套作物栽培技术，促进农业可持续发展。

（8）化学控制新技术

根据作物高产、优质、抗逆的要求，重点研究开发适应各种定向诱导调控要求的各类新型调控剂与安全使用技术。

（9）覆膜和设施栽培技术

设施栽培是现代农业的重要方向，研究覆膜和设施条件下作物生育特点、增产机理和相应的配套栽培技术，扩大覆膜和设施栽培的地区和作物领域。

（10）作物信息化栽培技术

重点开发作物实用化栽培管理信息系统、作物设施栽培管理信息系统、远程和无损检测诊断信息技术、作物生长模拟与调控等，研发集信息获取、处方决策、精准变量作业（GPS－RS－DS—ES系统）的农业机械，推动我国作物精确栽培与数字农作的发展。

（11）作物低 C 栽培技术

应对全球气候变暖，一方面要研究针对 CO_2、O_3 浓度持续增高作物的适应性与高产栽培对策，另一方面要重点研究作物栽培（模式）对温室气体排放的调控机理，建立作物高产低碳、节能减排栽培技术体系。

（12）作物抗逆栽培技术

近年来，我国自然灾害频发，区域性大范围出现了干旱、洪涝、台风等自然灾害，作物生产中常出现连阴雨、高低温、倒伏等逆境，以及重大病害生物灾害，针对性研究作物抗逆、避灾减灾栽培机理与技术。

（13）栽培生理生态研究

栽培生理生态研究成果是科学栽培和技术革新的重要理论基础。重点开展作物超高产形成及其生态生理基础；作物优质、高产、高效协调形成机理及调节途径；作物栽培的酶学、激素、蛋白质组学等分子基础与调控机理；作物品质形成及其生理调控；作物水肥高效利用机制；作物群体高光效及其机理；作物对重金属、有机污染物响应及其机理；作物的化控机理；转基因作物栽培生理；作物逆境分子和生态机理；作物气候演变的响应机制；轻简栽培生态生理基础。

（14）区域化作物栽培耕作周年优化技术模式定位研究

随着全球气候变暖，研究作物时空上种植界限，拓展作物种植区域与季节，提高复种指数，提高作物温光等资源利用效率，提高作物周年生产力，同时建立主要农区长期定位试验，研究农作制、品种与栽培技术优化匹配机理，系统建立与示范"人—资源—经济—技术"协调的区域化作物栽培耕作周年优化技术模式，从宏观上挖掘作物高产优质栽培潜力。

进一步加强作物科技发展能力建设，提升作物学科学与技术水平。作物科技发展能力建设是促进作物学科发展、提升作物科技自主创新能力的重要保障。作物科技发展能力建设是一项系统工程,必须建设一流的研发条件和创新环境,形成一流的作物科技创新体系,培养一流的创新人才和创新团队,三者相辅相成,缺一不可。必须以科学发展观为指导,坚持突出重点、瞄准国际作物科技发展前沿、立足自主创新,着力改进作物学科发展中存在的问题和差距。重点加强作物科技平台、作物产业技术体系和优秀人才培养三大工程建设。尊重和发挥作物学科技人员的首创精神,促进作物科学与技术发展水平跃入世界一流水平,谱写作物学科改革发展的壮丽篇章,为建设全面小康社会和创新型国家,做出更大贡献。

参考文献

[1] 中国科学技术协会,中国作物学会.作物学学科发展报告(2009—2010)[M].北京:中国科学技术出版社,2010.

[2] 凌启鸿.精确定量轻简栽培是作物生产现代化的发展方向[J].中国稻米,2010,16(4):1-6.

[3] 曹卫星,朱艳,田永超,等.作物精确栽培技术的构建与实现[J].中国农业科学,2011,44(19):3955-3969.

[4] 潘晓华,石庆华.新形势下作物栽培理论与技术体系的构建[J].江西农业大学学报,2010,32(3):468-471.

[5] 付景,杨建昌.中国水稻栽培理论与技术发展的回顾与展望[J].作物杂志,2010(5):1-4.

[6] 龚金龙,张洪程,李杰,等.水稻超高产栽培模式及系统理论的研究进展[J].中国水稻科学,2010,24(4):417-424.

[7] 宋美珍.我国棉花栽培技术应用及发展展望[J].农业展望,2010,6(2):50-55.

[8] 官春云,陈社员,吴明亮.南方双季稻区冬油菜早熟品种选育和机械栽培研究进展[J].中国工程科学,2010(2):4-10.

[9] 顾铭洪.水稻高产育种中一些问题的讨论[J].作物学报,2010.

[10] 何中虎,夏先春,陈新民,等.小麦育种进展与展望[J].作物学报,2011,37(02):201-215.

[11] 万建民.中国水稻遗传育种与品种系谱[M].北京:中国农业出版社,2010.

[12] 王关林.中国转基因植物产业化的研究进展及存在的问题[J].中国农业科学,2006,39(7):1328-1335.

[13] 邱丽娟,等.大豆分子育种研究进展[J].中国农业科学,2007,11.

[14] 李建生.玉米分子育种研究进展[J].中国农业科技导报,2007,9(2):10-13.

[15] 余松烈,苗保河.新时期中国作物栽培科学的任务与发展方向[J].作物杂志,2006(3).

[16] 彭少兵.论新时期作物栽培管理在全球水稻增产中的作用[J].作物研究,2008(4).

[17] 杨建昌.对作物栽培学发展的几点思考[J].科技创新导报,2008(1).

[18] Zheng T C, Zhang X K, Yin G H, et al. Genetic improvement of grain yield and associated traits in Henan Province, China, 1981 to 2008[J]. Field Crop Research, 2011,12:225-233.

[19] Keith W. Jaggard, Qi Aiming, Eric S Ober. Possible changes to arable crop yields by 2050[J]. Phil. Trans. R. Soc. B,2010:365, 2835-2851.

撰稿人:万建民 赵 明 马 玮 毛 龙

专题报告

作物遗传育种学发展研究

一、引　言

进入 21 世纪,通过生命科学与信息学等相关学科的渗透、交融和集成,作物遗传育种理论和方法不断拓展,推进转基因、分子标记、细胞工程、分子设计、全基因组选择等现代生物育种技术迅速发展;优良品种的选育正逐步向基因型选择转变,高产、优质、抗逆、养分高效的有机结合已成为优良品种培育的发展目标和方向;品种改良取得一大批具有显著应用效益的成果,推动了农业科技的进步。

二、本学科最新研究进展

(一)作物遗传育种重要进展

在国家"973"、"863"、支撑、行业科技等科技计划支持下,2010—2011 年我国作物优良新品种选育和遗传育种技术研究领域不断取得新进展,为作物育种产业发展提供了有力支撑。

1. 作物新品种选育取得新进展

优良新品种单产水平显著提高,品质明显改善,抗性持续增强。水稻新品种宁粳 3 号由于其高产稳产、抗稻瘟病、纹枯病,高抗白叶枯病,米质优,被农业部认定为超级稻品种在江苏等地大面积推广应用。超级稻新品种 C 两优 87 在区试中排名第一,增产达极显著水平。籼稻新品种"龙优 673"米质达国标优质 2 级标准。小麦品种济麦 22 是高产育种的重大突破,已经连续三年创造出 700kg/亩的产量结果,2011 年全国种植面积超过 3000 万亩。小麦新品种中麦 175 实现了高产潜力与优良面条品质、抗病性良好结合,面条品质的口感、颜色和黏弹性均优于对照雪花粉,是北部冬麦区具有重大推广价值的新品种。强优势高产玉米新品种,如浚单 29、中单 909、中农大 236、吉单 535 等,出籽率高,适应性广,抗病强,具有亩产 1100kg 以上的高产能力。大豆品种中黄 37、郑 92116 是多抗品种,抗大豆花叶病毒病、紫斑病、疫霉根腐病、灰斑病等,在国内外同类研究中处于领先地位。棉花新品种中棉所 76、中棉所 54 等亩产皮棉 111kg 以上,纺纱率高。油菜品种中双 11 号含油量 49.04%,是全国冬油菜所有参试品种中含油量最高的品种,比长江流域一般推广品种含油量高 8 个百分点以上,达到国际先进水平。

2. 作物遗传育种技术

(1)转基因育种

2010—2011 年,我国棉花、水稻、玉米、小麦、大豆等主要作物转基因育种进一步发展。培育抗虫转基因棉花新品种100余个,累计推广1.16亿亩,使国产抗虫棉份额达到95%。三系杂交抗虫棉育种取得新突破,制种效率提高40%以上,制种成本降低60%以上。转基因抗虫水稻、转植酸酶基因玉米获得安全证书,具备了产业化条件。新型抗虫转基因水稻、转人血清白蛋白基因水稻,抗虫玉米,新型抗虫棉花,抗除草剂大豆等进入中试与示范阶段。抗除草剂水稻,抗旱、抗除草剂玉米,抗病毒、抗旱小麦等逐步展现出巨大的应用潜力。在国际上,首次克隆了水稻理想株型、穗型、穗粒数高产基因和抗稻飞虱等重要基因,打破了跨国公司对基因专利的垄断局面。完善了规模化的水稻、棉花、玉米遗传转化技术体系,其中水稻转化效率从40%提高到83%,具备了年转化5000个基因的能力;大豆、小麦遗传转化效率明显提高。

(2)分子标记育种

在水稻上,应用 $Xa4$ 和 $Xa21$ 连锁分子标记进行直接选择,育成抗白叶枯病的恢复系蜀恢527、蜀恢781和蜀恢202。将 $Pi\sim1$ 和 $Pi\sim2$ 导入不育系 GD$\sim$7S 和 GD$\sim$8S 中,育成高抗稻瘟病的新不育系,进而选育出高抗稻瘟病杂交稻新组合粤杂746、粤杂751、粤杂4206和粤杂750。将稻瘟病抗性基因($Pi\sim1$、$Pi\sim2$)和白叶枯病基因($Xa23$)聚合至荣丰B和振丰B中,育成既抗稻瘟病又抗白叶枯病的保持系。利用分子标记,聚合 $S5n$、$S7n$、$S17n$ 广亲和基因,结合农艺性状选择,培育粳型恢复系 W107。将直链淀粉含量(Wx)、粒长($GS3$)、香味(Fgr)、抗穗发芽基因($qPSR8$)导入三系杂交稻保持系,创造有重要应用前景的保持系15份。利用5+10和7+8亚基的分子标记检测,结合回交转育,从(中优9507/3×济麦22)群体中选育出新品系M037,品质显著改善。利用 $opaque2$ 基因序列内的微卫星标记 phi057,选育出优质蛋白玉米自交系 R60、CA710 等,已用于新品种培育。

(3)细胞工程与诱变育种

作物细胞育种和航天生物育种快速发展。完善了甘蓝和白菜小孢子培养技术,成功获得一批优异再生株系;甘蓝与芥菜体细胞融合技术研究取得突破,解决了远缘胞质杂种材料创制的难题,获得花椰菜与黑芥的非对称体细胞融合再生植株;完善了辣椒花药培养技术体系,建立了黄瓜不受精子房培养体系。从基因组学和蛋白质组学水平上揭示了航天环境及地面模拟航天环境要素诱发突变的机制与模式。完善建立了"多代混系连续选择与定向跟踪筛选"的航天工程育种技术新体系;优化了高能混合粒子辐照、物理场处理等地面模拟航天诱变靶室设计与样品处理程序,完善了地面模拟空间环境诱变育种技术方法。航天诱变育种工程与常规育种、杂种优势利用相结合,在水稻、小麦、棉花、蔬菜等作物上创制特异新种质、新材料130份。

(4)杂种优势利用

研究建立了利用作物远缘种、近缘种、亚种、亚基因组、冬春品种间杂交,创制作物强优势种的新理论与新技术;融合多种现代生物技术,在水稻、小麦、玉米、油菜、棉花和大豆种质创新、强优势组合创制和制种技术等领域均取得了重要突破。新育成的节水抗旱稻新品种"沪旱15"和杂交组合"沪优2号"、"旱优3号"等相继通过国家和省级审定,表现高产、优质、抗旱和适合直播栽培等特点。

(二)重大成果介绍

1. 矮败小麦及其高效育种方法的创建与应用

完成单位为中国农业科学院作物科学研究所,主持人为刘秉华等,本成果获得了2010年国家科技进步奖一等奖。

创立小麦基因定位新方法,将雄性败育彻底的显性核不育基因 Ms2 定位于 4D 染色体短臂、距着丝点 31.16 个交换单位处。明确小麦中降秆作用最强的矮变一号矮秆基因仅与 4D 染色体有关。在基因定位的基础上,通过测交试验,发现育性与株高紧密连锁。通过连续大群体测交筛选和细胞学研究,打破高秆与雄性败育的紧密连锁,创造显性核不育基因 Ms2 与显性矮秆基因 Rht10 紧密连锁于 4D 染色体短臂的重组体,即矮败小麦。矮败小麦后代群体中 1/2 为矮秆植株,表现雄性败育,靠异交结实;1/2 为非矮秆植株,表现正常可育,行自交结实。二者株高差异显著,便于鉴别育性,利于提高异交结实率,避免轮选群体植株逐轮升高。异交便于基因交流重组,自交则有利于基因纯合稳定,矮败小麦集异花授粉和自花授粉的特性于一体,其矮秆不育株似花粉接受器,接受外来基因(花粉)并进行重组,重组后的基因通过后代分离的可育株自交而纯合稳定。矮败小麦是我国创造的具有重大利用价值的特异种质资源。

发明矮败小麦轮回选择技术,即利用矮败小麦构建遗传基础丰富的轮回选择群体,通过花粉源选择与控制及矮秆不育株选择,优化父本与母本;通过父本(可育株)与母本(矮秆不育株)杂交,实现基因大规模交流与重组。收获矮秆不育株上得到优化的杂交种,组成新一轮群体。循环往复,不断优化群体遗传结构和个体基因型,持续进行优异种质创制和新品种选育。

在国际上首次利用矮败小麦轮选技术建立动态基因库,从中不断创制各具特色的优异种质,在全国各生态麦区创建不同育种目标的矮败小麦改良群体,如同品种"加工厂"一样,持续培育出高产、优质、多抗、高效的新品种。率先将优异种质和各生态区主栽品种转育成矮败小麦,进行复合杂交、阶梯杂交、聚合杂交,大幅度提高杂交育种效率。

利用矮败小麦高效育种方法育成国家或省级审定新品种 42 个,累计推广 1.85 亿亩,增产小麦 56 亿 kg,增收 82 亿元。

2. 抗条纹叶枯病高产优质粳稻新品种选育及应用

完成单位为南京农业大学,主持人为万建民等,本成果获得了 2010 年国家科技进步奖一等奖。

首次建立了水稻条纹叶枯病规模化抗性鉴定技术体系,筛选抗病种质。提出灰飞虱非嗜性和抗生性鉴定、强迫饲毒与集团接种相结合的水稻条纹叶枯病抗性鉴定方法,研制室内与田间相结合的水稻条纹叶枯病鉴定技术和指标,首次建立规模化水稻条纹叶枯病抗性鉴定技术体系;对 10977 份水稻资源进行抗条纹叶枯病鉴定,筛选出高抗种质212 份。

挖掘水稻抗条纹叶枯病基因/QTL 27 个,占全世界已报道的 77%;精细定位 Stv-bi 抗病基因并获得候选基因;构建抗病基因饱和图谱,开发紧密连锁的分子标记,选择准确率达 95％以上；建立了抗条纹叶枯病高产优质水稻分子标记聚合育种技术体系，创制抗病优质新种质 16 份。

选育系列抗条纹叶枯病高产优质水稻新品种，实现了南方粳稻区的快速应用。创新农科教多部门协作机制，构建了南方粳稻品种选育与应用的综合平台。选育出适应不同生态区的早中晚熟系列抗条纹叶枯病高产优质新品种 10 个；制定栽培技术规程 4 个；2007—2009 年新品种推广 8314 万亩，2009 年推广面积占南方粳稻区种植面积的 78％。累计推广 13634 万亩，社会效益 190 亿元。

该成果有效解决了我国南方粳稻区长期受条纹叶枯病威胁的难题，有力地促进了水稻生产的发展，为保障我国粮食安全、农民增收和农业可持续发展做出了重要贡献。

三、国内外研究比较

(一)研究现状、动态和趋势

生命科学领域的快速发展，大大提升了作物遗传育种研究水平，分子育种已成为作物育种发展的主要方向，并带动了生物种业的发展。

1. 规模化基因发掘成为争夺基因知识产权的主要手段

分子标记的开发与连锁图绘制，大大促进了以作图为基础的新基因发掘进展，新基因挖掘与鉴定的速度比常规技术提高了 40 余倍。通过各种人工作图群体、自然群体组成的关联分析群体，可在更精准的水平定位 QTL 和基因，特别是基于全基因组水平的关联分析将成为基因发掘的重要途径。

2. 分子标记选择成为提高育种效率的重要途径

随着植物基因组学研究的发展，基因序列、基因表达序列(EST)及全长 cDNA 数量迅猛增长。大量的新型标记不断涌现，使分子标记育种正朝着对基因直接选择的方向发展，大大提高了选择定向化和准确性。从全球来看，标记育种已涉及多种作物，但水稻、玉米、小麦、大豆等仍是主要的应用对象。从育种方式来看，标记育种主要用于回交育种和基因/QTL 聚合育种。

3. 分子设计育种的发展使育种具有工程化特征

随着植物基因组学的迅速发展，对性状的认识已经从抽象的 QTL/基因到核酸序列的变化、从简单性状研究到复杂性状的解析、育种亲本的选择从性状互补向基因型互补转变。应用计算机模拟亲本选配、后代选择及理想基因型的出现几率，从而确定育种规模和方案成为可能。

4. 体系化的分子育种成为生物种业成败的关键

作物分子育种体系化的趋势在国际上越来越明显。在育种实践中，把基于分子标记的选择方法与常规育种技术有机结合，形成分子育种技术体系。同时，积极整合优势力量，形成作物分子育种网络。此外，通过发展与品种配套的各种栽培和产业化技术，把品种示范和推广甚至知识产权保护纳入整个分子育种体系中。

(二)国内外研究比较分析

1. 我国发展现状与成就

在国家相关科技计划支持下,我国已经建立了较完善的分子育种研究体系,在优质高产多抗新品种选育、分子技术育种等方面取得了显著进展。①育成一批具有重要应用前景的农作物新品种,"十一"期间,培育通过审定的、在国内外市场具有较大竞争力的新品种900余个,一批高产、优质新品种在生产上发挥作用。②重要性状基因挖掘与功能验证取得显著进展,精细定位基因和克隆了一批作物重要性状相关基因。我国在水稻产量关键基因的克隆及其作用机制研究居国际领先水平。③新型功能分子标记开发进入实用化,主要农作物分子标记技术体系日趋完善,育种水平显著提高。通过建立全国分子育种协作网,基因挖掘鉴定、分子标记开发及育种等多学科联合和技术集成,形成较完善的分子育种技术体系,并培育出一批具有突破性的重大品种,加快了新品种选育进程。④分子设计育种理论和技术体系付诸育种实践。开发了可以模拟复杂遗传模型和育种过程的计算机软件 QuLine,以及杂交种选育模拟工具 QuHybrid 和标记辅助轮回选择模拟工具 QuMARS 等,并在育种实践中进行了验证。

2. 我国的差距及其存在的主要问题

(1)新基因发掘与利用能力有待提高。我国拥有自主知识产权的基因非常少。对基因资源的表型性状缺乏精细鉴定评价,同时,缺乏高效的新基因发掘技术平台。

(2)分子育种技术创新有待进一步加强。我国作物育种技术研究的深度和广度明显不足,分子育种技术与常规育种技术缺乏有机的结合,缺乏低成本、实用性强的分子标记检测技术。

(3)育种目标不能适应市场的多样化需求。我国农作物育种在过去相当长的时间内以增加总量为主要目标,以培育高产品种为主,缺乏优质型品种,生产目标单一,优质化和工业专用化程度低。

(4)缺少具有国际竞争力的种业企业。目前已经有60多家外资种子公司在我国注册,抢占我国市场,已对国内种业造成了较大的威胁。国内大多数种子公司绝大部分企业还停留在简单的种子生产和经营上,规模经营水平低,抵御风险的能力弱。

(三)战略需求和研究方向

我国在作物分子育种领域应立足于国家粮食安全与农业可持续发展的重大需求,充分利用丰富的作物基因资源,重点开展农作物基因资源和重要性状形成的遗传和分子生物学理论基础研究,实现作物分子育种的重大科学突破;通过整合上、中、下游科技资源,大规模开展新基因发掘,通过包括分子标记育种、分子设计育种在内的分子育种技术原始创新,构建作物分子育种技术体系,从材料创制、品种选育及产业化3个层次实现重点突破,不断促进我国作物分子育种技术升级和产业发展。

四、发展趋势及展望

(一)近十年目标和前景

1. 构建分子育种技术平台,提高我国作物育种自主创新能力

从作物育种产业的源头上强化技术创新整体布局,提高原始创新和持续创新能力,并集成现有育种技术,构建适应新时期作物育种发展要求的技术创新体系,增强我国作物新品种培育的自主创新能力。

2. 突破分子育种关键技术,提升我国种业核心竞争力

瞄准国际前沿和发展趋势,培养一支高水平的创新研究队伍。以此突破分子育种中基因挖掘、多基因聚合、品种分子设计等关键技术,培育具有突破性的作物新品种,显著提升我国种业的核心竞争力,缓解国外种业对民族种业的冲击。

3. 培育高产优质多抗高效作物新品种,满足国家重大需求

以保障国家粮食安全、生态安全、农民增收为重大目标,集成分子育种技术和常规技术,培育高产、优质、抗病虫、抗逆(干旱、盐碱、高温、低温等)、养分(氮磷钾等)高效利用型作物新品种。

(二)发展趋势预测

1. 重要性状形成的分子机制研究日趋深入

未来20年,抗逆、抗病、开花、发育调控、产量形成等与作物农艺性状密切相关基因的分子机制将逐渐解析。一些重要的代谢途径逐渐被揭示,使现代作物分子育种的基础研究不断深化,为作物遗传改良奠定了良好的信息和理论基础。

2. 具有育种利用价值的重要基因更加丰富

作物新基因鉴定及育成新品种的速度大大加快,重要基因的发掘和鉴定进入规模化时代,并对大量复杂性状进行全面遗传解析,发掘重要功能标记,直接为育种服务。

3. 分子育种技术为育种提供了更有效的技术支撑

分子标记技术和转基因技术是分子育种的核心技术。分子标记育种逐步向简便、实用、经济的方向发展,将会特别对作物产量等复杂性状的改良发挥重要作用。转基因技术是对基因进行定向改造、重组转移的农业高新技术,未来20年,第二代和第三代转基因产品将逐步进入市场,并不断向医药、化工以及能源等领域拓展。

(三)研究方向与项目建议

1. 作物高效分子育种技术研究

以创新作物分子育种技术为目标,重点攻克分子标记育种、品种设计等关键技术瓶颈,及其与常规育种技术有机结合的技术瓶颈,为创制优良新品种提供技术支撑。

（1）分子标记育种关键技术

采用基因组学和生物信息学的理论和方法，开发主要作物重要性状基因的新型分子标记；精细定位高产、优质、抗逆、抗病虫、资源高效利用等重要性状基因/QTL，挖掘紧密连锁的分子标记，建立高效、大规模的分子标记辅助选择和聚合育种技术体系，创制优异育种新材料。

（2）品种设计关键技术

解析作物重要农艺及经济性状的代谢途径；建立重要性状的基因组数据库、蛋白质数据库等，构建品种设计信息系统。研制多基因整合或分子标记聚合技术，形成品种设计工程技术体系。研制数字植物模型；基于品种设计，创制作物新种质。

2. 作物基因资源创新

建立重要性状（农艺性状、抗病虫性、品质性状、抗逆性、营养高效等）精准鉴定评价指标和技术体系；全面系统地评价我国作物资源，发掘一批有重要利用价值（高产、优质、抗旱、耐盐、耐冷、耐瘠、抗重金属等、抗病性、抗虫性、营养高效、功能性食品特性）的优异基因资源；采用高效育种技术创造新资源和优良育种材料。

3. 主要作物新品种创制

针对我国农业发展新阶段对农作物新品种的重大需求，根据不同生态区的主要农作物育种目标，以提高产量、改善品质、增加抗性为重点，采用分子标记、细胞工程、诱变育种等技术，结合常规育种技术，聚合高产、优质、抗病虫、抗逆、营养高效利用等基因，创制有重大应用价值的新种质，培育突破性新品种，为提升我国粮食综合生产能力、增加农民收入、保护生态环境提供技术支撑。

4. 产业化技术创新体系

建立和完善种子产业化技术创新体系，培育从事作物新品种研发和产业化的种子企业，提升企业的作物育种技术创新能力，促进新品种培育、示范、推广、销售一体化运营，健全种子产业链条，推进我国优良品种的产业化进程。

参考文献

［1］Clive James. 2010 年全球生物技术/转基因作物商业化发展态势［J］. 中国生物工程杂志，2010，31(3)：1－12.

［2］黎裕，王建康，邱丽娟，等. 中国作物分子育种现状与发展前景［J］. 作物学报，2010，36：1425－1430.

［3］Lai J，Li R，Xu X，et al. Genome－wide patterns of genetic variation among elite maize inbred lines［J］. Nat Genet，2010，42：1027－1030.

［4］Mark T，Peter L. Breeding technologies to increase crop production［J］. Science，2010，327：818－822.

［5］Tian Z，Wang X，Lee R，et al. Artificial selection for determinate growth habit in soybean［J］. Proc Natl Acad Sci USA，2010，107：8563－8568.

［6］王建康，李慧慧，张学才，等. 中国作物分子设计育种［J］. 作物学报，2011，37：191－201.

［7］国家发展和改革委员会高技术产业司，中国生物工程学会编. 中国生物产业发展报告 2009[J].
　　北京：化学工业出版社，2010：121－124.

［8］邱丽娟，郭勇，黎裕，等. 中国作物新基因发掘：现状、挑战与展望[J]. 作物学报，2011，37：1－17.

［9］国家发展和改革委员会高技术产业司，中国生物工程学会编. 中国生物产业发展报告 2010[M].
　　北京：化学工业出版社，2011：125－170.

［10］Pastinen T. Genome－wide allele－specific analysis：insights into regulatory variation[J]. Nat Rev
　　Genet，2010，11：533－538.

撰稿人：万建民　马有志　李新海

作物栽培学发展研究

　　作物生产是农业发展的基础。以研究农作物高产、优质、高效、生态、安全生产为目标的作物栽培科学为我国农产品的安全、有效供给做出了巨大贡献。

　　近两年来,继续实施了国家粮食丰产科技工程、作物高产创建、科技入户等一批以作物栽培为核心的重大项目,有力地推动了我国作物栽培学的创新与发展,显著提升了作物栽培技术与理论的研究应用水平,为我国粮食生产实现了半个世纪以来首次"八连增"创造新的历史纪录发挥了重要作用。

一、本学科近年(2010—2011)的最新研究进展

　　2010—2011 年是我国"十一五"末和"十二五"始的过渡期,全球还处于经济持续低迷、粮食危机之中,党中央和国务院高瞻远瞩地进一步加大粮食生产扶持力度,作物栽培的科技支撑力度明显加大,围绕粮食稳定增产行动,推出超高产栽培、机械化栽培、资源高效利用、抗逆栽培等重大成果,2010 年获国家级科学技术进步奖二等奖 2 项,2011 年获国家级科学技术进步奖二等奖 3 项(已公示)以及省部级奖多项。通过先进实用技术的集成应用,涌现了一大批超高产典型,刷新了当地的高产纪录,为我国 2010 年粮食产量较大幅度恢复性增产,2011 年的粮食大幅度增产做出重要贡献。推动了我国作物栽培学理论与技术的发展、人才队伍的建设和研究条件的改善。

　　1. 作物丰产高效关键技术及其集成研究与应用取得了重大进展

　　作为国家粮食科技重大支撑项目——国家粮食丰产科技工程,紧紧围绕三大平原三大作物高产高效目标,开展了技术集成与创新研究,组装出一批具有地方区域特色的三大作物高产优质高效生态安全栽培技术体系,共集成配套技术 180 套,其中长江中下游平原六省集成水稻配套技术 79 套,华北平原三省集成小麦、夏玉米及其一体化配套技术 14 套,东北平原三省集成春玉米配套技术 35 套,共性课题集成配套技术 52 套。经技术核心试验区、示范区和辐射区的建设和大面积应用,显著提高了三大作物综合生产能力,单产增长率为 11.6%,化肥利用率提高 12%～15%,灌溉水利用率提高 10%～16%,自然与生物灾害损失率降低了 15%,农药用量减少 25%～35%,每亩节本增效达110 元左右。与全国同期粮食生产相比,项目"三区"面积占全国粮食生产面积的 10.4%,增产粮食占全国增产粮食的 17.0%,亩增产是全国平均亩增产的 2.7 倍,2 年累计应用 3 亿多亩,增产粮食 1000 多万吨,增效 300 多亿元,有效带动了粮食主产省乃至全国粮食生产水平的提高,促进了肥水资源的高效利用,减少了环境污染,大大推动了农业增效、农民增收,为保障国家粮食安全、提高粮食产品的国际竞争力提供了技术支撑,发挥了示范带动作用。

2. 作物一年两（多）熟协调高产技术研究与应用取得显著进展

围绕作物资源高效利用以进一步挖掘作物周年高产潜力,一方面水稻种植不断向北拓展,加速了黑龙江水稻种植面积的扩大,另一方面以小麦-玉米为代表的一年两熟制不断突破北限向北扩展,由一熟为两熟大幅提高周年产量。与此同时,特别在多熟制协调高产高效关键技术上取得了重大的突破,建立了进一步挖掘资源内涵两（多）熟制协调高产高效理论与技术体系,有效地提高了资源利用率和作物周年产量。

河南农业大学尹钧等人完成的"黄淮区小麦-夏玉米一年两熟丰产高效关键技术研究与应用"获 2010 年度国家科技进步奖二等奖。该成果针对黄淮区光温等资源特点,在揭示黄淮区小麦春化发育基因型及其与表现型对应关系的基础上,研明了半冬性小麦品种安全越冬、壮蘖大穗适期提早播种的机理和玉米壮根强株克服早衰延长生育期 10～15 天的途径,创建了小麦"双改技术"与夏玉米"延衰技术",实现了周年光热水资源高效利用;探明了基于土壤-作物水势理论的小麦-夏玉米高产节水原理,研制出智能化节水灌溉技术体系,实现了高产与节水同步;研制出适合两熟作物氮素需求的缓/控释肥专利产品,建立了两熟一体化土壤培肥施肥技术体系,实现了施肥技术简化高效。明确了黄淮区小麦、玉米超高产生育和养分吸收特征,创建出小麦-夏玉米两熟亩产吨半粮栽培技术体系,创造了百亩连片亩产小麦 751.9kg、夏玉米 1018.6kg 和一年两熟 1770.5kg 三个超高产纪录,集成出适合不同生态区小麦-夏玉米两熟丰产高效栽培技术体系,实现了小麦、夏玉米均衡增产,"十一五"期间累计增产粮食 674.2 万吨,创造社会经济效益 95.08 亿元,为河南粮食持续增产提供了重要的科技支撑。

河北农业大学马峙英主持完成的"海河平原小麦玉米两熟丰产高效关键技术创新与应用"获 2011 年度国家科技进步奖二等奖。该项目针对海河(河北)平原比相同熟制的黄淮平原的光温等资源更为短缺($\geq 0℃$光合辐射少 $200～240MJ/m^2$、$\geq 0℃$积温少 $500～900℃$、年降水量少 $150～200mm$、亩占有量少 $55～192m^3$),实现亩产小麦 600kg、玉米 700kg 的技术难度更大的现状,围绕提高资源利用效率,探明了海河平原高产小麦冬前积温和行距配置的光、温利用效应,揭示了高产玉米生育期调配的光、温利用规律,提出了小麦"减温、匀株"和玉米"抢时、延收"的光、温高效利用途径,小麦和玉米光、温生产效率分别达 $0.336g/MJ$、$0.331kg/(亩·℃)$ 和 $0.865g/MJ$、$0.306kg/(亩·℃)$,较黄淮平原提高 10.9%、12.6% 和 31.6%、6.3%。探明了海河平原高产小麦、玉米农田耗水特征,建立了麦田墒情监测指标,创新了水资源最为匮乏地区小麦、玉米两熟"减灌降耗提效"水分高效利用综合技术。小麦减灌 $1～2$ 次,亩节水 $50m^3$ 以上,平均水分生产效率达 $1.95kg/m^3$,较黄淮平原提高 14.0%。揭示了海河平原高产小麦、玉米养分效应和需求规律与高效施肥技术原理,提出了"氮磷壮株、钾肥控倒、微肥防衰"的施肥策略,创建了"调氮、稳磷、增钾、配微"的丰产高效施肥技术,小麦氮磷钾肥经济产量效率分别达 32.8、78.1、$39.3kg/kg$,提高了 10.1%、3.2%、32.3%,玉米达 49.3、161.3、$64.8kg/kg$,提高了 12.3%、5.9%、4.3%。自主研制了新型小麦、玉米播种机和关键部件,突破了种肥底肥双层同施、小麦匀播和高产麦田大量秸秆还田后玉米精播等技术难题,实现了关键农艺创新技术的农机配套。出苗率提高 17.3%,播种均匀性较国家标准提高 40.0%,粒距合格指数提高 24.8%,漏播指数降低 49.0%。探明了海河平原高产小麦、玉米群体调控指标,创建了小麦"缩行匀株控水调肥"、玉米"配肥强源、增密扩库、延时促流"高产栽培技术,集成创新了3套不同生态类型区的丰产高效技术体系,连创海河平原小麦、玉米大面积高产纪录。近6年41点次实现小麦600kg、玉米700kg以上超高产,保持小麦亩产658.6kg、玉米767.0kg、同一地块(100亩)两熟1413.2kg的高产纪录。2008—2010年,在冀、鲁、豫、津应用7261万亩,增产469.1万吨,增加经济效益76.2亿元,年节水8亿～10亿 m³。通过上述光温资源高效利用、节水节肥、农艺农机配套和丰产高效理论与技术的创新,支撑了河北小麦、玉米单产大幅度提升,总产连续7年创历史新高。

3. 作物精确定量栽培技术研究应用取得重大进展

随着生育进程、群体动态指标、栽培技术措施的精确定量研究的不断深入,推进了栽培方案设计、生育动态诊断与栽培措施实施的定量化和精确化,有效地促进了栽培技术由定性为主向精确定量的跨越,为统筹实现作物"高产、优质、高效、生态、安全"提供了重大技术支撑。

扬州大学张洪程主持完成的"水稻丰产精确定量栽培技术及其应用"获2011年度国家科技进步奖二等奖。该项目针对我国优质劳力转移,水稻栽培管理粗放化,肥水等投入盲目增加,污染加重等制约水稻增产增效与持续发展的重大技术问题,在系统剖析了水稻高产群体产量构成因素之间、光合面积与光合效率之间、物质生产积累和分配之间、冠根之间、源库之间的矛盾与协同关系基础上,研明了不同地区、不同栽培方式、不同水稻品种类型高产形成规律,创立了水稻高产共性生育模式与形态生理精确定量指标及其实用诊断方法,实现了栽培方案优化设计与生产过程实时实地准确诊断;率先研明了土壤供氮量、目标产量需氮量与氮肥利用率3个关键参数的适宜值及确定方法,攻克了应用差减法公式精确计算水稻施氮量的难题,同时研明了基蘖肥与穗肥的精准比例,以及穗肥高效施用叶龄期,率先提出氮肥后移技术,并配套建立了以早搁田为特征的"浅、搁、湿"精确定量灌溉模式,突破了高产、优质、高效协调的水肥耦合技术瓶颈;进而创立了水稻生育进程、群体动态指标、栽培技术措施"三定量"的原理与方法,构建了以作业次数、调控时期、投入数量"三适宜"为核心的水稻丰产精确定量栽培技术体系,使水稻生产管理"生育依模式、诊断有指标、调控按规范、措施能定量",促进了我国水稻栽培技术由定性为主向精确定量的跨越,被农业部列为全国水稻高产主推技术。该技术应用后,比对照技术增产10%以上,节工20%以上,节氮10%以上,节水20%以上,增效20%以上。在20多个省(市、区)示范,累计应用9918万亩,增产稻谷640.1万吨,增效益163.5亿元并创造了江苏稻麦两熟制条件下水稻亩产937.2kg、云南亩产1287kg的世界纪录。

4. 作物栽培信息化技术取得重要突破

作物栽培学与新兴学科领域的交叉与融合,使作物栽培正从信息化和智能化的方向迈进。通过对作物栽培学所涉及的对象和过程进行数字化设计、信息化感知、动态化模拟,从而实现作物栽培智能化管理。近两年来,在作物栽培方案的定量设计、作物生长指标的光谱监测、作物生产力的模拟预测,以及相关的软、硬件产品研发等有了显著的进展,推动了我国数字农作的发展。

北京农业信息技术研究中心赵春江主持完成的"数字农业测控关键技术产品与系统"

获得了 2010 年度国家科技进步奖二等奖。该项目在作物与环境信息传感探测上,研究了农作物个体生命信息无损监测方法,研制了叶片/茎秆/果实等 7 种生命信息传感器,开发了农作物营养、病害、水分胁迫等监测技术产品和诊断系统;提出了集光学传感/农学模型于一体的作物群体生物量/叶面积指数、氮素/水分营养生理指标的监测方法,研制了小麦/水稻便携式作物综合长势信息测定仪,可实现作物群体长势信息的无损探测及诊断,填补了国内空白。研制了可自恢复、自校准和组网的光照/温度/湿度/CO_2 等 9 种农业环境专用传感器,开发了温室娃娃等 3 款语音型便携式环境信息采集器,集成作物管理知识和语音芯片,以语音方式指导农民生产。开发了无线射频地埋多剖面土壤水分传感器,可在线监测 1 米深间隔 10 厘米的土壤水分;开发了土壤温湿度和电导率三参数复合土壤信息传感器,实现了三参数的集成准确测量。研制了集成 GPS 便携式 X 荧光土壤重金属测定仪,可同时快速原位测定 Pb、As、Cr、Hg、Cu、Zn 等多种土壤重金属元素含量,填补了国内空白。在生产管理智能决策控制上,研发了基于作物生长发育模型的 5 款环境监控产品,可对不同农业生产类型进行决策控制。建立了植株含水量光谱探测模型,提出了植株水分光谱探测和土壤湿度传感测定结合的灌溉决策方法,建立了植株水、土壤水、ET 值为指标的灌溉决策模型;研究了 3 种负水头控制方法,研制了硅藻土陶瓷灌水器、温室负水头灌溉系统和串联式负水头供水盆栽装置;研制了 5 种用水管理设备,支持多种灌溉控制方式。研制了大田自动灌溉施肥机,可实现 3 种肥料和 1 种酸液的精确配比及自动水肥耦合,单机可控面积 5000 亩;研制了注肥施药一体化作业系统,解决了农药喷洒和注肥系统复合运行的技术难题。在平台构建与系统集成上,建立了包括对象感测、数据采集、信息传输、分析决策、设备驱动、智能控制等层次结构的共性农业测控技术平台。具有模块化的标准软硬件接口,支持各类传感器及受控设备的"即插即用",通过集成数据分析管理软件和智能决策系统,可快速重构定制设施环境、水、肥、药等农业生产关键要素专业智能测控系统,以满足我国不同地区、不同生产领域及生产条件的需求。构建了自主产权的配套化、实用化测控技术产品体系,主要产品技术性能指标、稳定性、一致性和恶劣环境适应性达到国际同类产品水平,成本降低 50%～70%。通过"技术套餐"模式,成果在设施农业和大田生产的环境监控/灌溉/施肥/施药等方面大面积应用,节能 20%～30%,节肥水药 20%～50%。在全国 14 个省市累计应用 560 万亩、技术培训 1.3 万人次,增收节支 21.2 亿元。

二、国内外研究进展比较

与欧美发达国家相比,我国人均耕地少,一方面想办法利用一切有效土地,但农田的生产条件差且差异大,自然灾害频繁,栽培技术研究难度大。另一方面除高寒地区外,多是一年二熟或多熟,经济基础薄弱,集约化规模化程度低,难以大规模地专业化和大型机械化,劳动生产率难以达到欧美发达国家的水平。因此,我国作物生产要兼顾高产、优质和高效,主攻单产的提高将是进一步缓解人地矛盾的必然选择。

近年来,全球出现了新一轮粮食、能源双重危机,粮食、能源价格持续大幅上扬,世界各国均把提高粮食产量作为农业的重中之重,寻求替代石油等能源作物的研究迅速兴起。

近两年来,在应对这场粮食危机中,我国农业发展取得举世瞩目的成就,粮食产量实现"八连增",其中作物高产栽培技术的普及应用发挥了不可替代的作用。我国作物栽培技术与国外相比,在多熟制、高产等方面特色鲜明且并不逊色,但与欧美发达以机械化、信息化为主的规范化、定量化、规模化、集约化栽培,以及设施农业栽培、化学调节剂应用、技术推广服务体系等相比仍有很大差距。

随着世界和我国粮食等作物产品需求的持续增长,作物栽培以"高产、优质、高效、生态、安全"为综合目标,形成了超高产技术、优质高产协调技术、精准定量技术、资源高效利用与节能减排技术、全程机械化技术、轻简技术、大面积均衡增产技术等重要研究内容和主攻方向。

作物栽培学科是一门综合性和应用性很强,直接服务作物生产的应用学科。由于多种原因,我国作物栽培科技很不适应作物生产与科技发展的需求,栽培的重大科技成果少,技术储备不足。因此,作物栽培的研究体系和队伍建设亟待加强,特别是在生产者技术水平与劳动素质下降的形势下,健全技术推广体系、发展专业化服务组织尤为重要与迫切,以推动作物大面积增产,在保障粮食安全中发挥更大的作用。

三、本学科发展趋势及展望

(一)作物学科近十年的发展目标和前景

2011年全国粮食总产量57121万吨,不仅实现了"八连丰",更是创下了新中国成立以来的新纪录,达到了2020年粮食产能规划水平。但从中长期发展趋势看,受人口、耕地、水资源、人力资源、气候、能源、国际市场等因素变化影响,我国粮食和食物安全将面临严峻挑战。一方面粮食消费需求呈刚性增长,粮食生产总量持续增长的难度越来越大,粮食生产实现八连增是在党中央和国务院进一步加大粮食生产扶持力度,各级政府积极开展粮食稳定增产行动,面积稳中有升,科技支撑力度明显加大,高产作物种植面积增加,农业气候条件总体偏好的情况下取得的,来之不易;另一方面,由于种植结构的调整,大豆、棉花等作物种植面积大幅下滑,大豆、棉花大量进口替代了一部分土地资源,对稳定水稻、小麦、玉米等粮食作物面积发挥了重要作用,但其潜力已十分有限;第三,随着工业化和城镇化进程的加快,耕地仍将继续减少,宜耕后备土地资源日趋匮乏,今后扩大粮食面积的空间极为有限;第四,在作物间、区域间、田块间产量和增产潜力差异巨大,特别是还有2/3的中低产田亟待提升;第五,2011年,全国粮食单产达到5166kg/km²,比2010年提高了192kg/km²,提高幅度达3.9%,单产提高对增产的贡献率达到85.8%。因此,持续增加作物单产、促进大面积均衡增产是这一阶段的作物栽培必须攻克的科技目标。从现实产量与品种潜力来看,我国主要粮棉油作物大面积实际产量水平与高产品种的产量潜力和高产、超高产田的单产水平差距高达50%以上,因此,依靠科技应用,进一步持续提高单产是能够实现的。

同时,现有大量高产栽培技术要求精细、技术环节多且复杂,集约化、机械化程度低,因此,作物栽培过程简化高效,全程机械化、信息化、标准化也是这一阶段的主攻方向。

此外,我国作物生产过程中,水、肥、药等资源利用率低,如氮肥利用率一般 30%～35%,远远低于发达国家 60% 左右的水平。同时,随着全球气候变暖,温光资源需要进一步优化拓展利用。因此,挖掘资源利用潜力,提高资源生产效率又是该阶段的主攻方向。

(二)本学科在我国的发展趋势预测

有关研究表明,我国到 2030 年人口高峰期时总人口将达 16 亿,按人均每年 400kg 谷物的温饱型基本需求计,粮食总产必须达到 6.4 亿多吨。按照目前粮食生产量,我国还需要增产 1 亿吨左右,才能基本满足人口增长和生活水平提高的粮食需求。

作物栽培科学必须与时俱进,研究作物机械化、信息化、集约化、标准化、低碳化高新栽培技术,大幅度提高单产水平,不断增强我国大面积作物综合生产力。

(三)研究方向及重大发展项目建议

为了满足国家对优质安全农产品持续增长和环境改善的需求,作物栽培学科要围绕"高产、优质、高效、生态、安全"综合目标,强化研究强度和深度、提高成果水平。栽培学所涉及作物生产各个环节,区域性强,急需研究内容很多,但当前主要为以下方向。

1. 作物超高产栽培理论与技术

主攻水稻亩产 1000kg、小麦 800kg、玉米 1100kg 以及其他作物超高产栽培理论与技术,挖掘作物更高产潜力,并转化为作物大面积高产的新途径,为作物高产创建提供强有力的技术支撑。

2. 优质高产协调栽培理论与技术

农产品的外观品质、加工品质、营养品质和适口品质等和高产之间既有一致性,又有矛盾性和复杂性。既要主攻高产,又要改善品质,要解决品质和高产的统一,实现专用化栽培、标准化栽培。

3. 农作物安全栽培理论与技术

针对当前作物高产过多依赖化学投入品,破解农产品安全和高产的重大难题,提高肥药利用效率,把生产过程、产品的有害物含量控制在对人体健康、环境安全的范围内,在作物无公害、绿色、有机栽培关键技术上要有突破。

4. 轻简栽培技术

随着我国农村劳动力的转移,作物要高产、技术要简化,已成为我国新时期作物生产目标和技术的基本要求。运用作物高产生态生理理论,借助于现代化工、机械、电子等行业的发展,研究轻简栽培原理与技术精确定量化,建立"简少、适时、适量"轻型精准的高产栽培技术体系。

5. 作物机械化高产栽培技术

作物机械化栽培是现代作物生产发展的基本方向。按高产要求研发新型农业机械,研究农艺、农机配套技术,建立作物优质高产高效的全程机械化高产栽培技术体系,大幅度提升生产集约化程度和生产经营规模。

6. 节水和抗旱栽培技术

研究作物高产需水规律与水分胁迫的生长补偿机制,建立减少灌水次数和数量的技术途径和高效节水管理模式,促进我国华北、西北和西部等广大地区的旱农可持续发展与南方水资源的高效利用。

7. 现代生态农业及栽培配套技术

以秸秆还田为核心,研究秸秆还田的农田生态效应,研究机械化为主的秸秆还田的简便实用方法,建立秸秆还田与保护性耕作技术(少免耕)及其配套的栽培技术,解决我国复种指数高,用地与养土难以协调的突出矛盾。同时研究种养结合等现代生态农业、循环农业及其配套作物栽培技术,促进农业可持续发展。

8. 化学控制新技术

根据作物高产、优质、抗逆的要求,重点研究开发适应各种定向诱导调控要求的各类新型调控剂与安全使用技术。

9. 覆膜和设施栽培技术

设施栽培是现代农业重要方向,研究覆膜和设施条件下作物生育特点,增产机理和相应的配套栽培技术,扩大覆膜和设施栽培的地区和作物领域。

10. 作物信息化栽培技术

重点开发作物实用化栽培管理信息系统,作物设施栽培管理信息系统,远程和无损检测诊断信息技术,作物生长模拟与调控等,研发集信息获取、处方决策、精准变量作业为一体(GPS – RS – DS – ES 系统)的农业机械,推动我国作物精确栽培与数字农作的发展。

11. 作物低碳栽培技术

应对全球气候变暖,一方面要研究针对 CO_2、O_3 浓度持续增高作物的适应性与高产栽培对策,另一方面要重点研究作物栽培(模式)对温室气体排放的调控机理,建立作物高产低碳、节能减排栽培技术体系。

12. 作物抗逆栽培技术

近年来,我国自然灾害频发,区域性大范围出现了干旱、洪涝、台风等自然灾害,作物生产中常出现连阴雨、高低温、倒伏等逆境,以及重大病害生物灾害,针对性研究作物抗逆、避灾减灾栽培机理与技术。

13. 栽培生理生态研究

栽培生理生态研究成果是科学栽培和技术革新的重要理论基础。重点开展作物超高产形成及其生态生理基础;作物优质、高产、高效协调的形成机理及调节途径;作物栽培的酶学、激素、蛋白质组学等分子基础与调控机理;作物品质形成及其生理调控;作物水肥高效利用机制;作物群体高光效及其机理;作物对重金属、有机污染物响应及其机理;作物的化控机理;转基因作物栽培生理;作物逆境分子和生态机理;作物气候演变的响应机制;轻简栽培生态生理基础。

14. 区域化作物栽培耕作周年优化技术模式定位研究

随着全球气候变暖,研究作物时空上种植界限,拓展作物种植区域与季节,提高复种指数,提高作物温光等资源利用效率,提高作物周年生产力,同时建立主要农区长期定位试验,研究农作制、品种与栽培技术优化匹配机理,系统建立与示范"人—资源—经济—技术"协调的区域化作物栽培耕作周年优化技术模式,从宏观上挖掘作物高产优质栽培潜力。

参考文献

[1] 中国科学技术协会,中国作物学会. 作物学学科发展报告(2009—2010)[M]. 北京:中国科学技术出版社,2010.

[2] 凌启鸿. 精确定量轻简栽培是作物生产现代化的发展方向[J]. 中国稻米,2010,16(4):1-6.

[3] 曹卫星,朱艳,田永超,等. 作物精确栽培技术的构建与实现[J]. 中国农业科学,2011,44(19):3955-3969.

[4] 潘晓华,石庆华. 新形势下作物栽培理论与技术体系的构建. 江西农业大学学报. 2010,32(3):468-471

[5] 付景,杨建昌. 中国水稻栽培理论与技术发展的回顾与展望[J]. 作物杂志,2010(5):1-4.

[6] 邹应斌. 长江流域双季稻栽培技术发展[J]. 中国农业科学,2011,44(2):254-262.

[7] 龚金龙,张洪程,李杰,等. 水稻超高产栽培模式及系统理论的研究进展[J]. 中国水稻科学,2010,24(4):417-424.

[8] 宋美珍. 我国棉花栽培技术应用及发展展望[J]. 农业展望,2010(2):50-55.

[9] 官春云,陈社员,吴明亮. 南方双季稻区冬油菜早熟品种选育和机械栽培研究进展[J]. 中国工程科学,2010(2):4-10.

[10] Keith W Jaggard, Aiming Qi, Eric S Ober. Possible changes to arable crop yields by 2050[J]. Phil. Trans. R. Soc. B,2010, 365:2835-2851.

[11] Chen Xinping, Cui Zhenling, Peter M Vitousek, et al. Integrated soil-crop system management for food security[J]. PNAS, 2011, 108(16):6399-6404.

[12] Zhang Jianhua. China's success in increasing per capita food production[J]. J. Exp. Bot., 2011, 62:3707-3711.

撰稿人:戴其根　张洪程

水稻科技发展研究

2004—2011 年,我国粮食取得了连续八年的增收,这得益于多方面的因素,其中水稻科技的发展起了重要的作用。2010—2011 年我国水稻科技在遗传育种、分子生物学、栽培技术等方面取得了很大的进展,其中育种仍居国际领先水平。

一、2010—2011 年我国水稻学科研究进展

(一)我国水稻遗传育种研究进展

1. 水稻育成新品种审定情况

2010—2011 年,我国通过省级以上审定的水稻品种分别为 523 个和 344 个,审定的品种总数有一定下降,特别是国家审定品种的总数减少较多,由 2009 年的 55 个减少到 2011 年的 29 个。通过审定的品种主要以籼型三系杂交稻为主,2010 年和 2011 年分别占总数的 46.1%和 50.3%;其次是常规粳稻,分别占总数的 23.3%和 17.2%,比常规籼稻占比高。籼型两系杂交稻的审定品种数占总数的比例分别是 13.8%和 16.0%,比 2009 年(占 12.3%)有增加的趋势。从育种单位来看,由科研或教学单位育成的品种分别为 268 个和 169 个,占总数的 51.2%和 49.1%,品种为企业选育或企业参与选育的比例比 2009 年有所增加,可见企业在水稻育种中的进步。

2. 审定品种的产量和米质状况有明显改进

从 2010—2011 年我国审定品种的区试产量(每亩)看,籼型三系杂交稻为 529.06kg 和 532.76kg,籼型两系杂交稻为 552.06 kg 和 528.77 kg,籼型常规稻为 442.04 kg 和 463.88 kg,粳型常规稻为 583.40 kg 和 579.75 kg,粳型杂交稻为 596.23 kg 和 591.17 kg。总体来讲,2010 年和 2011 年籼稻的平均产量比以往两年有所增高,而粳稻的平均产量却比以往两年有所下降。

从 2010 年审定的品种品质达标率(品质达国标 3 级或以上)来看,粳稻明显好于籼稻,粳稻为 50.81%,而籼稻仅为 36.52%。有 5 个籼稻品种(或组合)品质达国标 1 级,分别是黄华占 1、金优 H4、天丰优 101、农香 18 和金优 165,有 7 个粳稻品种(或组合)达到国标 1 级,分别是金粳 18、通禾 856、云粳 19 及金粳优 132、常优 5 号、粳两优 5975 和粳两优 2847。2011 年达到国标 1 级的水稻品种有华粳 295 和圣稻 2572,达到国标二级的有 15 个。与 2009 年通过审定的品种相比,2010 年通过审定的籼型两系杂交稻和籼型常规稻品种优质达标率下降幅度较大,籼型两系杂交稻由 2009 年的 48.33%下降至 2010 年的 30.56%,籼型常规稻由 2009 年的 41.67%下降到 2010 年的 22.22%;但粳型杂交稻品质有所提高,优质达标率由 2009 年的 34.62%提高到 2010 年的 40.74%。

3. 超级稻新品种选育加速推进

2010 年农业部新确认了 12 个超级稻品种,2011 年农业部新确认了 9 个超级稻品种,同时,取消了 8 个品种的超级稻冠名。至 2011 年,由农业部冠名的超级稻示范推广品种共为 83 个,推广面积达到全国水稻面积的 20% 以上。从超级稻类型来看,近几年长江中下游超级早稻、华南稻区超级早、晚稻育种取得了新的突破,南方稻区超级稻布局结构得到有效优化,对稳定区域内早稻生产、稳定双季稻面积将发挥重要作用。

4. 分子标记辅助育种基础扎实

利用分子标记开展重要的农艺性状基因定位是分子育种的重要基础,目前已经有 200 多个水稻基因被定位或克隆,育种家提出,利用基因和分子标记技术为手段的育种方式,是水稻育种的第三次突破。2010 年和 2011 年我国水稻分子育种取得的成就主要包括以下方面。

中国超级稻育种项目研究团队通过分子标记辅助选择和杂交育种,创制出一批抗病、品质较好的高配合力恢复系中恢 8022、中恢 8025、中恢 161、R281 等。利用光壳稻或爪哇稻成功选育了 R6176、R6068、R7066、R6172 等 4 份株型优良的大粒大穗粳稻恢复系,利用野生稻和 93 - 11 杂交、回交,育成 0h - 92 等一批耐高温、性状优良的籼稻恢复系。对"巨穗稻"R8117 进行改良,获得了产量性状有突破且抗稻瘟病的第三期超级稻父本育种中间材料 10H208 等多份。通过转移、聚合栽培种与远缘物种有利基因获得优异新种质多份,获得分蘖能力、每穗粒数、千粒重等大幅增加并表现抗稻瘟病、耐逆性较强的种质 10H1176、10H1204 及 10H1144 等。利用抗条纹叶枯病品种葵风为供体亲本,通过杂交和回交,同时利用 4 个与条纹叶枯病抗性基因紧密连锁的分子标记 STS11 - 31、STS11 - 71、STS11 - 19 和 STS11 - 43 进行辅助选择,获得高产优质并具条纹叶枯病抗性的品种武运粳 8 号改良品种。将野生稻增产 QTL(yld1.1 和 yld2.1)导入栽培稻 9311 及保持系,创制出多个改良系,培育出远恢 7 号等恢复系及不育系 226A,所配组合在试验示范中表现优势强。

应用分子标记辅助选择,获得聚合了抗稻瘟病基因 $Pi25$ 和两个以上抗白叶枯病基因的高代材料 283 份;获得 $Xa21/Xa7/Rf3/Rf4$ 四基因聚合的籼稻三系候选恢复系 21 份。聚合抗稻瘟病基因、抗白叶枯病基因和优质基因,育成杂交稻新恢复系中恢 161。利用前期开发的褐飞虱抗性基因分子标记系统,获得了抗褐飞虱优良两系不育系 $Bph68S$,选育出抗褐飞虱能力强的优良两系杂交稻新组合两优 234,米质达到国标三级优质标准,2010 年通过湖北省审定。同时,利用分子标记辅助选择,通过回交将抗褐飞虱基因 $Bph3$ 和 $Bph24(t)$ 分别转到主栽杂交水稻恢复系广恢 998、9311、R15、明恢 63、R29 中,最终获得稳定遗传的 $Bph3Bph24(t)$ 聚合系 13 份,表现较强的褐飞虱抗性。将 $Bph14$、$Bph15$、$Pi1$ 和 $Pi2$ 4 个抗性基因导入保持系川香 29B,改良后的川香 29B 表现出对稻瘟病和褐飞虱具有超亲抗性。

(二)我国水稻分子生物学研究进展

2010—2011 年,国内外科学家在水稻分子生物学各领域中取得了大量的具有原创意义的研究成果,特别是在重要基因的克隆和基因组学等研究方面获得了一些重要成果。

1. 克隆产量相关性状基因

在水稻产量性状方面,我国学者和日本学者同时克隆了控制水稻理想株型基因 $IPA1(WFP)$,2011 年我国学者又克隆了控制谷粒大小的 QTL—GS5,研究成果发表在 *Nature Genetics* 上;$LC2$、$BUI1$、$OsGA2. x6$、$OsAPC6$、$DTH8(Gth8)$、$EP2(DEP2)$、$SCM2$、$PHD1$ 和 $GS3$ 等株型和穗形基因也获得了克隆。谷粒大小是决定作物粒重和产量的主要因素之一。华中农业大学张启发研究组在谷粒大小和粒型的调控研究方面取得重大进展。该研究组继克隆粒形基因 $GS3$、控制产量与抽穗期基因 $Ghd7$、$Ghd8$ 后,又分离克隆了控制谷粒大小的 QTL—$GS5(grain\ size\ 5)$,该基因编码一个假定的丝氨酸羧肽酶,过表达 $GS5$ 能增大谷粒大小,因而 $GS5$ 能正向调控谷粒的大小,增加水稻产量。

2. 克隆抗性、品质相关基因

在水稻耐生物胁迫与非生物胁迫方面,克隆了抗白叶枯病基因 $OsPdk1$、$Os-11N3$,抗病防御反应 $NLS1$ 基因,以及抗逆基因 $OsRAN2$、$OsNAC5$、$OsNAC10$ 和 $OsABF1$。在水稻生长发育、生殖代谢遗传调控方面,克隆了水稻生长发育的 formin 基因 $FH5/RMD$、窄卷叶 $nrl1$,茎秆强度 $BC14$、$BC12$,花器官发育基因 $CYP704B2$,调控碳源分配基因 $CSACSA$、$OsC6$、$OsJAG$、$OsDSG1$,胚和胚乳形成和发育基因 $Orysa$;假胎萌 $OsSGO1$ $CycB1$ 和 $OsRH36$ 以及种子休眠基因 $Sdr4$、$qSD12$ 和 $OsDSG1$ 等。在稻米品质方面,克隆了直链淀粉含量基因 $flo2$、淀粉合成基因 $RSR1$ 和谷蛋白分选基因 $OsRab5a$。在营养的吸收和转运方面,克隆了磷饥饿应答反应的关键调控基因 $LTN1$、$OsPHR2$ 和 Os-$PHO2$ 组成的 Pi 信号调控网络。在水稻基因组研究方面,我国学者利用全基因组关联研究(genome-wide association study,GWAS)方法创建了一套新的发掘和鉴定新基因位点的研究策略,研究结果发表在 *Nature Genetics* 上。

3. 克隆株型相关基因

水稻株型是决定其产量的核心因素之一。中国科学院遗传与发育生物学研究所李家洋研究组和中国水稻研究所钱前研究组合作,利用具有理想株型特征的水稻材料"少蘖粳",图位克隆了控制水稻理想株型基因的主效数量性状基因 $IPA1(Ideal\ Plant\ Architecture\ 1)$。$IPA1$ 基因编码一个含 SBP-box 的转录因子,其翻译与稳定性受 microRNA OsmiR156 的调控。具有植株分蘖数减少、茎秆粗壮、穗粒数和千粒重显著增加,以及增加产量 10% 的作用。揭示了调控理想株型形成的一个重要的分子机制,为培育理想株型的超级水稻品种奠定了坚实的基础。这是中国科学家在揭示水稻高产的分子奥秘上迈出的重要一步,入选"2010 年度中国科学十大进展",同时被评为"瀚霖杯 2010 年中国十大科技进展新闻"。

水稻成花素基因 $Hd3a$ 在水稻花发育起始及其形成中扮演重要角色。日本科学家 Taoka 等人研究发现,在茎顶端分生组织细胞中,14-3-3 蛋白 GF14c 作为成花素 Hd3a 的胞内受体,通过在细胞质中与 Hd3a 结合形成复合物后进入细胞核内,然后 14-3-3-Hd3a 复合物与 OsFD1 转录因子结合,形成"成花素激活复合物"(FAC, florigen activation complex)14－3－3－Hd3a－OsFD1,从而诱导水稻 *AP*1 类基因 *OsMADS*15 的转录活性,诱导开花。

(三)我国水稻品种资源研究进展

1. 稻的起源与演化研究取得重要进展

稻族约有 11 个属 70 个种,葛颂等用 20 个叶绿体 DNA 片段序列分析稻族 11 个属 34 个种系统进化,认为稻族的分化发生在古冈瓦那大陆分裂以后,长距离传播在稻族演化中起着重要作用,稻属基因从亚洲向澳洲、非洲和美洲扩散次数分别在 3、4 和 1 次以上。

Zhao 等(2010)回顾了最近 10 年中国农业考古的研究结果,认为 1 万年前长江中下游地区居民以提高野生稻产量的驯化已经发生。在 6000～9000 年前这一时期属于狩猎到采集的过渡期,早期以狩猎为主,后期稻米逐渐成为主食,稻作主导地位的建立在 5000～6000 年前这一时期,长江中游地区较早(6000 年前,大溪文化时期),而长江下游地区较迟(5000 年前,良渚文化时期),在 6000 年前,长江中游地区稻作传播到华南地区。

亚洲栽培稻籼粳亚种的起源有独立起源与一次起源两种论点。中国科学院北京基因组研究所的研究结果显示,绝大多数基因都支持了其独立起源的历史,但受过人工选择的重要基因区段看似一次起源,认为早期的选择导致一些重要农业经济性状基因的单一化。该研究结果,在支持学界的两种理论的同时,也统一了上述两种假说。

2. 资源表型鉴定的精准化显得越来越重要

资源表型的精准评价,分析其不同环境条件下性状表达的规律,不仅可提高育种利用的高效性和针对性,同时为基因组学在资源有利基因高效发掘中的应用提供基础平台。Jin 等(2010)以 100 个 SSR 标记分析 416 份水稻品种遗传结构和连锁不平衡,发现不同亚结构可解释所研究的 25 个形态性状 22.4% 的变异,利用该连锁群体,证实 *Wx* 和 *SSI-Ia* 两个基因与直链淀粉含量(AAC)和糊化温度(PT)紧密相关,有 5 个和 7 个 SSR 标记分别与 AAC 和 PT 性状相关,认为该群体可应用于基因挖掘中。而黄学辉等(2010)结合第二代测序技术和新的基因型分析方法,通过构建高密度的单倍型图谱,进行籼稻 14 个农艺性状的全基因组关联分析,发现通过关联分析鉴定的位点可解释约 36% 的表型变异,其中有 6 个位点的峰值信号与已鉴定基因紧密连锁。以更广泛的 950 份国内外水稻品种为材料,鉴定了一些可能影响水稻群体分化的基因组区段和候选基因,发现了多个抽穗期和产量相关性状新的关联位点(黄学辉等,2012)。这开创了新的基因组关联分析的研究技术和方法,对复杂性状相关基因的高效鉴定有新的突破。

3. 种质创新提升资源利用的效率

研究再次证实,我国水稻育种亲本及主栽品种的遗传背景狭窄、遗传相似度高。"十一五"国家科技支撑计划育种、资源项目创制了一批育种材料,为水稻育种提供基础亲本,同时,利用优良地方品种资源尤其是野生资源,采用渗入系、替换系的方法,创制农艺性状优良、遗传背景丰富的新种质已经越来越得到业界的重视。

(四)我国水稻栽培技术研究进展

1. 研发适应水稻种植方式和品种的水稻高产栽培技术

我国水稻栽培技术研究和应用以"高产、优质、高效、生态、安全"为目标,以品种为载体,与社会经济发展需求的水稻种植模式和方式相适应。确定水稻机械化插秧的品种特性、良种良法配套、水稻精确定量栽培、"三定"栽培技术、"三控"栽培、水稻钵苗机插、超级稻配套栽培、肥水管理等技术研究取得较好进展,并在生产上发挥较好作用。水稻机插育秧基质与方法、肥水资源高效利用、逆境预警和对策技术、水稻生长动态监测等研究取得较好进展。

2. 超级稻品种与栽培技术配套,创新我国主产区的水稻高产水平

随着超级稻品种的认定和生产应用,在研究超级稻品种特性的基础上,研发不同稻区、季节及机插、抛秧、直播及再生稻配套的超级稻栽培技术配套,Y两优1号在湖南平原地区百亩连片攻关示范单产达926kg/亩,表明我国超级稻研究水平上了新的台阶。超级稻配套栽培技术的研发及应用,推进了超级稻品种的推广,实现了超级稻"双增一百"目标。

3. 水稻生产机械化水平提高,机械育秧及插秧配套栽培技术取得新进展

随着我国社会经济发展和农村劳动力转移,急需发展中国特色的水稻全程机械化生产技术。2010年水稻耕种收综合机械化水平达到58%,耕整地机械化水平达到85%,基本实现机械化作业,机械收获水平突破60%,机械化种植水平达到20%,预计2011年我国水稻种植机械化水平可望提高到24%以上。水稻工厂化育秧、育秧基质、育秧基质大棚育秧技术获得成功,并在主要稻区推广。针对水稻毯状秧苗机插存在问题,我国首创的毯状秧苗和钵形秧苗优势结合的水稻钵苗机插技术进一步完善,并在黑龙江等地应用。

4. 水稻栽培的定量化、精准化、信息化水平提高

以水稻叶龄模式、群体质量栽培及肥水数量化为核心的水稻精确定量栽培在我国主要稻区应用,获得高产高效效果。以群体优化、肥料定量为特色的水稻"三定"栽培技术及"三控"栽培技术生产应用效果较好。稻田肥力监测及测土配方施肥进一步扩大。基于水稻生长模型和管理决策系统,信息技术与农艺措施结合,进一步提高水稻生产管理的信息化程度。

5. 水稻生产应对灾变技术加强

针对水稻隐形和显形灾害频发,为应对育秧期间低温和干旱灾害,研发和应用水稻集中育秧、大棚育秧技术。应对水稻开花期高温引起不育,提出耐高温评价及品种布局和安全播期确定及科学的灌溉技术应用。提出水稻高低温、干旱、阴雨等防控技术,增强水稻抵御灾害的能力。

二、我国水稻学科重大成果及应用

2010—2011 年,共有 6 项水稻成果因为效益显著或突破大获得国家科技进步奖。南京农业大学主持完成的"抗条纹叶枯病高产优质粳稻新品种选育及应用"获 2010 年国家科技进步奖一等奖;中国水稻研究所完成的"水稻重要种质创新及其应用"、广西壮族自治区农科院水稻研究所等完成的"华南杂交水稻优质化育种创新及新品种选育"获 2010 年国家科技进步奖二等奖;由中国水稻研究所主持的"后期功能型超级杂交稻育种技术"获 2011 年国家技术发明奖二等奖,由四川省农业科学院作物研究所主持的"高异交性优质香稻不育系川香 29A 的选育及应用"、扬州大学等完成的"水稻丰产定量栽培技术及其应用"获 2011 年国家科技进步奖二等奖。

水稻科技发展支撑和带动了水稻生产水平的进一步提高。2010—2011 年,农业部水稻高产创建万亩示范片分别扩大到 2000 个和 1940 个,其中早稻和双季晚稻都为 270 片,一季稻 2010 年为 1460 片,2011 年为 1400 片。浙江启动建设粮食生产功能区。高产创建调动了地方、科技人员和农民抓粮食生产和科技应用的积极性,促进了水稻生产水平的提高。2010 年,1460 个单季稻万亩示范片中,单产超创建目标 700kg/亩的有 877 个,占 60.1%,平均单产达到 719.2 kg/亩。其中,福建省尤溪县中稻万亩示范片平均单产 1032.0 kg/亩。

三、国内外水稻研究发展比较

(一)国内外研究现状分析

国外水稻育种方法基本和中国相似,但发达国家的水稻育种研究更加注重生物技术与常规育种方法的密切结合,在育种目标上不仅注重品质和产量的育种,同时也注重对生境和非生境胁迫的研究,加强了对抗虫、耐逆基因的挖掘及其育种利用,在功能性稻米的研究及其产业化方面也走在前面。国内育种在超高产上依然保持世界领先,优质育种也有很大进步,但在产量、品质、抗性、适应性"四性"的综合上仍有待加强。

国内水稻分子生物学研究主要着眼于水稻生产实际中所面临的产量瓶颈问题对重要农艺性状、特别是与产量相关性状的解析,通过基因的克隆和基因组关联分析,取得了一批重要的成果,如 *IPA1*、*GS5* 和 *DEP1* 等重要功能基因,并开展了全国转基因水稻新品种的选育研究。国外水稻分子生物学的研究更多地着眼于水稻生长发育等基础方面,如水稻成花素的确定和成花素受体的发现,着力于水稻开花及成花机理的研究等。当然他们也对产量性状感兴趣,例如株型和水稻耐逆性研究等。

在稻作技术研究和应用方面,与国外发达国家相比,我国水稻种植、施肥等主要环节的机械化水平还较低,与我国社会经济发展水平和需求不适应;水稻肥料用量高于发达国家 50% 左右,肥料生产率低、利用率低;水稻生产指标化、标准化水平低;水稻抗御灾害能力差;水稻产量差异大。日本、韩国水稻机插技术先进,机插育秧实现工厂化。

（二）我国水稻研究的方向

水稻育种在目标上,高产、稳产依然是今后水稻育种的主导趋势,但在品质育种方面将向着优质和具有营养保健功能的方向发展,还有应对全球气候变化及土地资源环境恶化的耐热等耐逆育种和适合机械化栽培的水稻品种育种。在育种技术上将加强籼粳亚种杂种优势及株型改良育种为基础的超级稻育种。在育种方法上,以生物信息学为平台,以基因组学和蛋白质组学等若干个数据库为基础,综合水稻育种学流程中的作物遗传、生理、生化、栽培、生物统计等所有学科的有用信息,根据具体水稻的育种目标和生长环境,进行的分子设计育种将是一个综合性的新兴研究领域,将对未来水稻育种理论和技术发展产生深远的影响。同时,重要产量性状基因的发掘和遗传基础的剖析也将是今后水稻分子生物学发展的主要趋势。

在水稻功能基因组研究方面,将着力发掘有利基因并克隆,开展分子标记辅助育种和转基因育种,为我国未来的水稻生产提供技术筹备。

研究稻田水稻生产新模式、水稻生产新方法和新技术,提高肥水资源利用效率,提高劳动生产率,改善稻田生态环境,实现水稻大面积生产高产高效,对深化农业结构调整,粮食丰收、农民增收,提升我国水稻生产水平和稻农种田水平具有重要战略和现实意义。

四、我国水稻研究发展趋势与展望

（一）近十年的发展目标和前景

在今后相当长的时间内,我国粮食需求仍呈刚性增长。据预测,2030 年我国人口将达到 16 亿,届时需要粮食 6.4 亿吨,按现在的粮食生产能力,缺口将达 1.5 亿吨。在人口压力居高不下、农业生产资源日益短缺的情况下,如何为粮食尤其是水稻生产和供给提供科技支撑,是水稻学科不断发展的动力和根本所在。

（二）水稻学科在我国未来的发展趋势预测

未来我国水稻学科发展趋势:一是相关科学技术革命深刻改变水稻科技面貌的趋势;二是水稻科学技术的研究领域大大拓展的趋势;三是水稻技术组织综合化、技术应用集成化的趋势;四是水稻科技全面数字化和信息化的趋势;五是水稻科学技术研究理念、手段、方法、技术和组织方式的规模化趋势;六是水稻资源高效利用化和生产环境保护化的趋势;七是水稻科学技术自身产业化的趋势。在这些趋势下,具体的优质高效高产多抗水稻新品种将会加速出现,并在水稻生产中发挥作用。

（三）水稻学科研究方向及重大发展项目建议

1. 水稻学科研究方向

根据现代农业发展趋势,在充分吸收传统农业精华的基础上,瞄准现代水稻科学技术发展方向,坚持前瞻性、战略性、方向性、继承性和创新性的发展原则,从原创技术、共性平台技术、关键技术、重大产品和产业化示范等五个层次,全面部署现代水稻技术的研究,大幅度提升我国水稻技术创新水平,以实现水稻生产的"高产、优质、高效、生态、安全"为目标。建议通过加大国家投资力度、建立健全现代水稻技术发展融资机制,培育水稻高科技企业的技术创新能力,加强基地建设和知识产权保护,培育高素质研发人才等促进现代水稻技术研究和产业发展。

2. 水稻学科重大发展项目建议

在未来的水稻科技创新方面,重点应开展以下几方面的工作。第一,常规技术与生物技术、辐射诱变技术结合,加强育种材料创新,选育超级稻新品种,选育食用、饲用、工业用等专用优质新品种。第二,充分利用水稻基因序列图谱研究成果,结合我国丰富的水稻资源,开展水稻基因组学研究,挖掘优异资源、克隆具有自主知识产权的功能基因。第三,研究水稻机械化、集约化、模拟化高新栽培技术,重点是超级稻、优质稻栽培技术集成,建立标准化模式。第四,应用3S技术研究精确稻作,通过耕作、施肥、施药的管理,改善稻田生态环境,同时重点研究水稻节水技术,促进农业的可持续发展。

参考文献

[1] 顾铭洪. 水稻高产育种中一些问题的讨论[J]. 作物学报,2010,36(9):1431－1439.

[2] 程式华,庞乾林,胡培松,等. 水稻科技发展研究[M]. 中国作物学会编著. 2009－2010 作物学学科发展报告. 北京. 中国科学技术出版社,2010

[3] 林海,庞乾林,阮刘青,等. 2010 年我国通过审定的水稻品种产量和品质性状分析[J]. 中国稻米,2011,17(6):59－62.

[4] 刘开雨,卢双南,裴俊丽,等. 培育水稻恢复系抗稻飞虱基因导入系和聚合系[J]. 分子植物育种,2011,9(4):410－417.

[5] 宋丁丁,袁丽,高冠军,等. 利用花药培养和分子标记选择相结合改良水稻稻瘟病和褐飞虱抗性[J]. 分子植物育种,2011,9(4):418－424.

[6] 万建民. 中国水稻遗传育种与品种系谱[M]. 北京:中国农业出版社,2010.

[7] 王昌华,张燕之,华泽田,等. 北方杂交粳稻亲本遗传背景分析[J]. 中国水稻科学,2009,23(5):489－494.

[8] 徐正进. 我国水稻超高产育种若干问题讨论[J]. 沈阳农业大学学报,2010,41(4):387－392.

[9] 中国水稻研究所,国家水稻产业技术研发中心. 2011 年中国水稻产业发展报告[M]. 北京:中国农业出版社,2011:29－46.

[10] 徐大勇,钟环,周峰,等. 中粳水稻品种资源的遗传多样性Ⅱ:黄淮稻区近期育成品种的 SSR 多样性比较[J]. 江苏农业学报,2010,26(1):15－21.

[11] 玄英实,姜文洙,刘宪虎,等. 中国东北地区水稻主要栽培品种的遗传多样性分析[J]. 植物遗传资源学报,2010,11(2):206－210.

[12] 赵庆勇,张亚东,朱镇,等. 30 个粳稻品种 SSR 标记遗传多样性分析[J]. 植物遗传资源学报,2010,11(2):218－223.

[13] 朱德峰,程式华,张玉屏,等.全球水稻生产现状与制约因素分析[J].中国农业科学,2010,43(3):474－479.

[14] 付景,杨建昌.中国水稻栽培理论与技术发展的回顾与展望[J].作物杂志,2010,5:1－4.

[15] 刘小军,曹静,李艳大,等.水稻水分精确管理的知识模型研究[J].中国农业科学,2010,43(8):1571－1576.

撰稿人:程式华　曹立勇　郭龙彪　魏兴华　朱德峰　江云珠　庞乾林

玉米科技发展研究

　　玉米是我国最重要的粮食作物之一,在水稻、小麦和玉米三大主要粮食作物中占据重要位置。改革开放 30 年来,我国的玉米种植面积和总产保持连续增长的势头。2006 年以来,我国玉米总产量已经突破 1.5 亿吨,占全国粮食总产量的 30% 以上。2007 年我国玉米种植面积首次超过水稻,成为我国第一大粮食作物。在我国增产 500 亿 kg 粮食的计划中,玉米的份额是 53%。预计未来十年,我国玉米的年需求量将达到 2.22 亿吨。由于我国玉米种植面积增长的空间已经接近极限,玉米单位面积产量增加的压力愈来愈大。因此,玉米生产对保障我国粮食安全具有十分重要的战略意义。

一、最新研究进展

(一)玉米分子遗传学

　　玉米不仅是重要的粮食作物,也是植物遗传学特别是细胞遗传学、数量遗传学、转座子与突变和染色体重组等重要学科与学术研究的模式生物体(Bennetzen J L et al,2001)。

　　近年来植物基因组学的迅速发展特别是测序技术的发展,使人们对作物种质的分析进入分子水平。目前分子标记正逐渐成为分析生物遗传多样性的有力工具,在农作物遗传多样性分析中应用最广的主要有 RFLP、RAPD、SSR、AFLP 及 SNP 等。Lai(2010)对6 个中国重要玉米杂交组合骨干亲本进行全基因组重测序,利用 SOAP 软件 v2.18 比对获得的 12.6 亿 75bp 的双末端片段与玉米的参考基因组序列,发现了 100 多万个单核苷酸多态性位点(SNPs)和 3 万多个插入缺失多态性位点(IDPs),建立了高密度的分子标记的基因图谱。同时研究还发现了 101 个低序列多态性区段,在这些区段中含有大量在选择过程中与玉米性状改良有关的候选基因。这些研究结果不仅揭示了玉米种质资源的遗传多样性,也为高产杂交玉米骨干亲本的培育提供了重要的多态性标记,为进一步挖掘玉米基因组遗传资源奠定了基础。

　　随着测序技术的发展,可供使用的分子标记的种类和数量的增多以及遗传连锁分析和关联分析两种定位方法的联合使用大大加快了 QTL/基因定位与克隆的速度。魏昕(2009)等选用感丝裂病的玉米自交系 R08 与抗丝裂病的自交系 Es40 组配 F2 群体共 348个单株,构建了包含 115 个 SSR 标记的分子遗传连锁图谱,采用复合区间作图法,对F2:4 家系丝裂病数据进行抗性 QTL 分析,在 1、3 染色体上检测到主效 QTL,贡献率均大于 30%。李青(2010)通过关联分析和连锁分析对 *ZmVTE4* 基因的功能进行了进一步的分析。对 *ZmVTE4* 基因重测序分析发现 2 个插入/缺失位点:位于 5′ UTR 的InDel7 和位于启动子区域的 InDel118 显著影响 α-生育酚含量,可能是该基因的功能位点。在 7 个不同遗传背景的分离群体中,证实了 InDel7 和 InDel118 的效应,它们可解释

14%~92%的 α-生育酚含量变异。在 478 份材料组成的关联群体中,InDel7 和 In-Del118 组成的单倍型可解释 32%的 α-生育酚含量变异。M Gonzalo(2010)利用 186 个 B73×Mo17 构建的 RILs 群体在 100000 株/公顷和 50000 株/公顷两个环境下研究了种植密度对产量及花期等遗传因子的影响,实验结果表明这些性状由多个基因位点控制且受到种植密度的影响,在控制株高的 7 个 QTL 位点中有 5 个 QTL 位点存在上位性互作,花期相关性状同样受到上位性互作的影响。Nengyi Zhang(2010)等利用 IBM 作图群体精细定位了与碳和氮代谢酶活力的 QTL,共检测出 73 个显著影响十种酶活力的 QTLs。这些 QTLs 解释的表型变异从 3.4%~24.2%不等。不同酶活力之间存在显著的正相关,同一酶活力的不同 QTL 间存在互作,共检测到 17 对互作的 QTL,互作效应解释的平均表型变异为 2.8%。

随着越来越多的重要性状 QTL/基因的定位,为 QTL/基因的克隆奠定了基础。Whipple(2010)等用图位克隆的方法,克隆到了一个控制玉米花序苞叶发育的基因 *Tsh*1,该基因编码一个与拟南芥 HAN 同源的 GATA 锌指蛋白。*Tsh*1 抑制玉米花序苞叶发育的功能在禾本科植物水稻、大麦中极为保守,是 NL1/TRD 直向同源基因。

(二)玉米分子育种学与种质创新

我国玉米产量的增加很大程度上依赖于玉米育种水平的不断提高,新品种的贡献率达到 35%左右。尽管传统育种技术在作物遗传改良方面取得了显著成就,但由于其选择效率较低、周期较长,已不能满足当前玉米生产对优良品种的需求。近 20 年来,随着植物分子生物学技术的发展和应用,对玉米遗传育种产生了极其深远的影响。生物技术与常规育种技术的有机结合正孕育玉米遗传育种的第三次技术突破。作物常规育种手段与分子标记辅助选择和转基因技术的有机结合形成了新的学科——玉米分子育种学,玉米分子育种的研究方向主要包括分子标记育种技术和转基因技术。

利用分子标记开展重要农艺性状基因定位是分子育种的重要基础,而分子标记的开发则是分子育种基础的基础。最近基于 85 万个 B73 的 GSS 序列和大量 EST 序列信息也被整合到 IBM 遗传图谱上。近年来,随着作物基因组测序的全面开展,以单核苷酸序列差异为基础的第三代分子标记——SNP 已显示出巨大的利用价值。

作物产量是一个复杂的、人们非常关注的经济性状。有关产量及产量因子的 QTL 定位已经在玉米、小麦、大麦、大豆等 20 余种作物中广泛展开,针对产量、产量构成因子的 QTL 的分子标记育种也逐渐开展起来。分子标记技术以及 QTL 定位方法的快速发展为研究玉米复杂数量性状提供了强有力的手段。借助于覆盖全基因组的分子标记连锁图,利用合适的分离群体,已经定位了大量影响产量 QTL 和基因。我国科研单位也开展了利用分子标记定位产量、品质和抗性的 QTL 的研究,并取得了可喜的进展。中国农业大学利用玉米强优势组合的分离群体,检测到分别控制产量、行粒数、行数和百粒重的主效 QTLs 位点;德国 Hohenheim 大学利用欧洲玉米材料定位了若干个与玉米产量相关性状的 QTLs。迄今为止,在玉米数据库收录的玉米 QTLs 已经超过 2000 个。一些主效 QTLs 已经被用于分子标记育种程序。这些 QTLs 位点在产量相关性状的遗传改良过程中起着重要的作用。

分子标记技术进展快慢主要取决于是否有足够的控制玉米农艺性状的 QTLs 位点和与之紧密连锁的分子标记。随着基因组测序技术的飞速发展,玉米自交系 B73 的基因组于 2009 年 11 月公布,这为在整个基因组水平上开发高通量的 SNPs 标记和定位控制玉米重要农艺性状 QTLs 位点奠定了坚实基础。全基因组关联分析(genome - wide association studies,GWAS)已经成为目前发掘农作物重要农艺性状的 QTLs 位点的重要技术手段。

在玉米中通过全基因组关联分析的方法定位了控制玉米叶夹角的关键 QTLs 位点,通过对叶夹角的分子标记辅助改良,为培育耐密性更强的新品种奠定基础;利用相同的研究方法确定了玉米中与小斑病相关的关键基因,为抗病性的分子育种提供了重要的标记。

关联分析在高通量的优异等位基因发掘方面起到了重要的作用,能够把高通量的分子标记同复杂的产量相关性状有机的结合,进而快速、高效地找到与目标基因相连锁的分子标记。因此,关联分析极大地推动了分子标记育种技术的发展。

(三)玉米杂种优势的生物学基础与利用

目前,我国玉米杂交种应用面积占玉米播种面积的 95%,1949—1996 年的 47 年间,我国玉米年生产量增加了 8.88 倍,播种面积只增长了 1.25 倍,而单位面积产量却提高了 3.29 倍,遗传改良的作用在玉米单产增长的诸因素中大约占 35%～40%,而杂交种的应用起到很大的作用。

二、国内外研究进展比较

(一)国内外研究现状分析

尽管前人在杂种优势利用方面已经取得了巨大成就,但由于对作物杂种优势机理认识的局限性,目前尚不能有效预测杂种优势,杂种优势利用效率和水平有待提高。20 世纪初,Davenport(1908)和 Bruce(1910)提出显性假说,Shull(1908)和 East(1936)提出超显性假说来解释杂种优势的遗传基础。但此后的 80 多年中,杂种优势的遗传学研究未有重大进展,解析作物杂种优势的遗传机理一直是作物学研究领域的重大科学问题。近年来,随着分子生物学、基因组学和蛋白质组学等学科理论和技术的飞速发展,以及系统生理和系统生态学的理论与技术发展,作物杂种优势遗传机理研究均取得了很大进展。

玉米种质资源创新是实现育种突破的基础,每次品种的更新换代实际上均源自于种质的更新。生产用种质的遗传狭窄受到普遍关注,种质扩增、改良与创新成为玉米育种研究最重要的发展方向。我国在种质研究方面,近年来也开展了较多工作,中国农业科学院作物所在品种资源保存、鉴定评价等方面开展了一系列研究,包括耐旱性材料筛选,核心种质的分析。除此之外,系统开展种质创新比较突出的是高油玉米种质的创新,此研究虽然最早开始于美国,但在引进以后,中国农业大学宋同明教授从 20 世纪 80 年代开始就一直致力于高油玉米群体的改良工作,经过近 20 年的努力,成功地培育了多个高油玉米群体,其中 BHO、KYHO 等具有独立知识产权群体的含油率已达到高油玉米育种的要求,这些种质的育成对国际高油玉米的发展产生了重要影响,也为基础生物学和基因组学研究提供了非常宝贵的资源。以此为基础,进一步开展了再创新工作,发展出高油型单倍体诱导系及其系列衍生系,直接推动了国内单倍体育种技术应用及玉米生殖遗传学研究。

(二)我国玉米科研存在的主要问题

21世纪是生命科学的世纪。近十年来,随着生命科学的发展,已经对农业科学产生了极其深远的影响。当前,我国农业面临人口不断增加和农业资源不断减少的双重压力,为了实现粮食安全、食品安全、生态安全和提高农业效益的战略目标,农作物新品种的培育和良种良法的配套具有不可替代的、十分重要的战略地位。在未来长时间内,我国粮食作物播种面积已无法增加,化肥的增产潜力已十分有限,气候变暖、水资源的短缺不可逆转。在这种严峻形势下,充分发掘玉米遗传资源的巨大潜力,充分发挥玉米高产高效栽培技术的作用,大幅度提高我国玉米生产能力和生产率,增强我国玉米产品及市场竞争力,是我国今后长时期农业持续发展的战略选择。

种业作为农业产业链的源头,具有十分重要的基础地位。生物种业是我国政府重点支持的战略性新兴产业。我国玉米杂交种的普及率达到95%以上,因此,在我国加入WTO以后,各个跨国种子集团将占领中国玉米种子市场作为其重要战略目标,我国玉米种业面临最严峻的挑战,先锋公司玉米品种先玉335迅速扩张就是一个典型的例子。遗传学和分子生物学是育种学以及育种新技术研发的基础学科。这些基础性学科的投入不足,也是导致我国种业科技相对落后、原创性基础薄弱的重要原因之一。

三、玉米研究发展趋势与展望

(一)未来十年的发展目标和前景

1. 玉米分子遗传学研究

(1)功能基因组学将成为玉米基因组学研究的热点

玉米基因组学研究发展非常迅速,未来的发展趋势和特点有以下几点:玉米基因组学将重点研究占玉米基因组85%的"自私"转座子序列对整个玉米基因组的结构及甲基化的影响,对其周围基因的转录、表达的影响;经典的基因组学研究还将持续进行,但基因组学的研究重点将转向功能基因组学研究,尤其是针对那些重要农艺性状和代谢途径的功能基因组学研究会很快成为研究热点。基因组学研究将与蛋白组学研究、代谢组学研究结合起来,成为发现新基因、阐明若干目标性状和代谢途径的分子机制的必由之路。基因组学研究将作为一个重要的技术手段在广泛的应用领域中得到拓展,例如在候选基因辅助选择、基因克隆、基因发现和转基因育种等方面得到应用。

(2)玉米基因组遗传多样的研究成为开发分子标记的重要手段

杂种优势利用是玉米育种研究的重要内容,其理论基础是杂种优势群和杂种优势模式。杂种优势理论建立在遗传差异之上,因而种质的遗传多样性研究是利用杂种优势的前提,有助于这些种质在育种实践中的有效利用。近年来国外大量研究表明,美国玉米种质基本上可以归纳为瑞得与非瑞得两个大类,如先锋公司基于 Iodent 种质选育出不少重要自交系,因此也有人将其分为单独一类。欧洲玉米育种种质传统上分为马齿型种质与欧洲硬粒型,但两类种质并不是严格按照杂优类群进行分类,因此其杂种优势模式在欧洲北部主要是硬粒/马齿,南部则有较多的杂交种为马齿/马齿。基于系谱和分子标记分析,目前国内种质基本上可以分为 6 大类,即旅大红骨、塘四平头、兰卡斯特、瑞得、温热群(P群)和热带亚热带种质。这些种质在育种过程中逐步形成了不同的杂种优势模式。比较重要的有瑞得/塘四平头,瑞得/旅大红骨,兰卡斯特/塘四平头等。随着测序技术的发展和生物信息学的发展,对玉米基因组的遗传多样性深入研究,可以发掘出更多的 SSR 标记及以百万计的 SNP,利用这些高密度的分子标记可以对各种杂优类群及其模式进行全面的遗传分析,可以快速地将大量供试材料划分到相应的杂种优势群,由此进一步就有可能高效地预测杂种优势。

(3)关联分析和遗传连锁相结合成为发掘优良等位的主要方法

基于 LD 的关联分析在植物研究中的成功应用,已经初步证明了其是一种发掘优异等位基因的有效途径,但其本身也具有局限性,在植物复杂数量性状的解析中仍不能完全放弃传统的连锁作图方法。这是因为对于遗传多样性较低的物种,即使是最理想的种质收集也不能包含足够多的多样性,以完全解决关联分析中统计能力降低的问题,在这种情况下连锁分析比关联分析更具优越性(王荣焕等,2007;Flint-Garcia et al,2005)。另一方面,连锁作图更适用于全基因组的 QTL 扫描,而关联作图可以对某个 QTL 进行更精确地定位。因此,关联分析和传统 QTL 作图是互补的,可用连锁分析来对 QTL 进行初步定位,然后用关联作图对其进行精细定位(王荣焕等,2007)。两种方法的整合将大大促进复杂数量性状的解析。

2. 玉米分子育种学与种质创新

(1)分子标记的开发和应用向高通量方向发展

利用分子标记开展重要农艺性状和产量性状的定位是分子育种的重要基础研究,而分子标记的开发则是分子育种基础的基础。过去数十年科学家在玉米功能基因组学方面取得了突飞猛进的发展,截至 2009 年,已经克隆或定位了大于 2270 个 QTLs(www.maizegdb.org),这些 QTLs 或标记在单个性状的玉米遗传改良过程中起到了重要作用。例如,中国农业大学和中国农科院利用 SSR 分子标记分析了我国优良玉米自交系的遗传变异,对其进行了杂种优势群的划分,为更有效地利用我国现有的种质资源,进一步提高玉米杂种优势水平提供了有价值的信息;中国农业科学院采用 o2 基因的 SSR 标记 phi057,大规模开展了优质蛋白玉米分子育种材料创制,选育出优良自交系 CD2 和 CD7,已配制出中试 401 等优良杂交组合;四川农业大学利用抗玉米纹枯病的 QTL 紧密相连锁的分子标记,对抗性分子标记辅助选择,获得多个高抗玉米纹枯病自交系。

以上实例均为基于单个或几个分子标记的遗传改良,然而,随着测序技术的飞速发展,高通量的分子标记发掘已经成为现实。在国内,赖锦盛课题组对 6 个中国重要玉米杂交组合骨干亲本进行全基因组重测序,获得 100 多万个 SNP 多态性位点,建立了高密度的分子标记的基因图谱,为分子育种提供了重要素材;跨国种子集团孟山都公司每天处理的用于玉米育种的单个分子标记数据达到 20 万个,分子标记的发掘也逐步由低通量的

SSR 等标记转向高通量的 SNP 标记;选择 QTLs 位点由单位点或多位点向全基因组转变。

（2）玉米转基因技术呈现规模化发展趋势

由于玉米的重要性,玉米高效转基因技术体系的建立是人们研究的热点之一。1986年 Fromm 等首次用电击法把抗除草剂 pat 基因转入玉米原生质体中,开创了玉米遗传转化研究的先河。1988 年 Rhodes 等用电激法将 Npt II 基因转入玉米原生质体中,经过抗性筛选、分化再生得到抗 Km 的转基因植株。1989 年 Klein 第一次使用基因枪法转化玉米,并获得成功。玉米的转基因技术得到了迅速发展,主要有基因枪法、PEG 介导法、超声波法、阳离子转化法、电击法等,1996 年农杆菌共培养法成功用于转化自交系 A188。到目前为止,农杆菌介导法和基因枪法是玉米遗传转化中最常用、效果最好的方法,玉米转基因技术已经日趋成熟。在西方国家如美国、加拿大等,玉米转基因育种技术已经从实验室转向专业化、规模化和集约化,安全、高效成为转基因技术的主要发展方向。现有转化关键技术的知识产权虽被西方发达国家所垄断,但新型载体、受体、时空表达调控元件、叶绿体遗传转化、定点整合、多基因转化等新型转化方法以及无选择标记基因、RNAi 干扰、时空控制表达技术和外源基因删除技术等正处于研发之中,正成为各国在转基因技术领域创新的热点。

（3）转基因目标性状由单性状逐渐向多性状叠加发展

1996—2000 年,除草剂耐性一直是转基因玉米的首要性状,其次为抗虫性。目前推广利用的转基因玉米品种基本上都是抗虫和抗除草剂两种类型,其种植面积每年都稳步上升,如孟山都公司研发的 II 型 Roundup Ready、MON810,先正达公司研发的 GA21,拜耳公司选育的 LIBERTLINK 等转基因玉米。随着转基因技术的发展,转基因玉米也由单一的抗虫(bacillus thuringiensis,BT)或除草剂的抗性(herbicide tolerance,HT)转变为多基因多性状的叠加。如 Monsanto 等公司已经通过杂交等方式获得抗虫、抗除草剂双抗品种;抗虫抗除草剂转基因玉米和抗根瘤线虫病的玉米新品种已研制成功,低植酸玉米在美国已商业化。高植酸酶玉米、高赖氨酸、高蛋氨酸、高苏氨酸转基因玉米也已经获得成功。

（4）分子标记和转基因技术将在玉米种质资源创新中广泛应用

随着分子标记技术和转基因技术在分子育种的广泛应用,种质资源的创新和遗传改良从传统方式向分子育种技术方式迈进。我国玉米种质资源相对狭窄,急需加快玉米种质资源的收集、改良和创新,但对数高通量的种质资源进行基因型鉴定和开发利用,仅采用常规手段不仅见效慢、周期长,而且预见性差、准确率低,更加困难的是尽管部分野生种质遗传基础丰富,并带有许多优异基因,但往往具有连锁的不利基因,并且外源基因导入和表达均有很大难度,常规的种质资源鉴定和育种技术难以满足未来我国对玉米在数量和品质方面的需求,只有将基于分子标记和转基因的分子育种技术与常规技术紧密结合,广泛开展玉米种质资源的鉴定评价、新基因发掘和种质创新。

3. 玉米杂种优势的生物学基础与利用

玉米杂种优势的利用和育种实践是非常成功的,玉米杂种优势表现在生长、发育、分化成熟等诸多方面,涉及基因之间,各种生理代谢之间以及遗传基因与环境之间的相互作用。

但是目前我们对杂种优势的基础研究依然相对薄弱,因此我们应重视基础研究,利用分子生物学、遗传学、基因组学、转录组学、蛋白质组学、生物信息学等方法从基因表达、调控和功能水平上研究农作物杂种优势的分子机理,如表观遗传学、玉米雄性不育基因和育性恢复基因的克隆与功能分析、核质互作的分子机理等,从而最终阐明玉米杂种优势的分子机制,并以此分子机制为理论依据指导育种家更好地利用玉米的杂种优势,创制优良的种质材料,提高玉米单位面积的产量,保障国家的粮食安全。

(二)发展趋势及展望

1. 玉米分子遗传学研究

基因组学是从总体上认识植物基因的结构与功能,使育种家从根本上认识亲本选配、基因互作、基因与环境互作和选择效应的本质,使人们对育种理论的认识产生飞跃。随着相关技术的发展,农业将越来越受益于基因组学的发展。在材料方面,通过基因组学将会发现一批具有目标性状的基因资源,探明基因位点与效应,从而解决育种亲本贫乏和选择效率低的问题;从基因来源上,基因组学不仅提供大量目标基因供转基因育种使用,而且能实现物种之间的跨越。玉米基因组学的发展,将建立起在全基因组水平进行抗病、抗逆、优质玉米基因组学研究的技术体系,从而培育出相应的基础遗传材料,还可以开发出玉米抗病、抗逆和优质基因鉴定玉米 DNA 芯片,提供玉米种质资源基因鉴定,供玉米分子育种研究利用。

2. 玉米分子育种学与种质创新

我国特异种质资源的系统发掘鉴定评价基本处于初步的定性分析阶段,由于对控制目标性状的基因不清楚,严重影响目标性状的高效种质创新和育种,缺少必要的基础理论研究和基础数据的积累,严重制约了新品种的选育和创新。常规技术发掘新基因的速度相当缓慢,而基因组学的发展为基因挖掘和分子标记开发提供了很好的支撑。利用分子育种技术来提高传统育种的效率,增强预见性已成为广泛的共识。分子育种的主要内容是指 QTL 定位、分子标记辅助选择和转基因技术。目前高通量基因型分析平台飞速发展,为分子育种提供了一个全新的舞台。基于高通量基因型测定的全基因组分子标记和性状间的关联分析或基于候选基因的关联分析能高效发现控制重要性状的基因组区段,发现相应的重要性状等位基因变异,为品种组合的选配及分子标记选择提供重要的依据;也为在大分离群体中快速、准确确定理想的多基因组合单株提供了可能。虽然品种分子育种才刚刚起步,但已取得了长足的进展,国际大型种子企业普遍加强了对分子育种的投入,美国先锋公司和孟山都公司每年用于玉米育种的研发费用分别是 5.6 亿美元和 4.6 亿美元,其中大部分是用于分子育种。美国先锋公司和孟山都公司每天处理的分子标记育种数据高达 20 万~30 万个。分子育种的投入给这两家种子企业带来了巨额的回报。总之,分子育种技术将成为玉米育种中的关键技术,也给我国玉米育种的发展提供了新的机遇。

以抗虫、抗除草剂为代表的第一代抗性转基因玉米已在全球范围大规模的推广应用,仅抗除草剂和抗虫转基因玉米就占推广面积的 87%。由于产量提高、减少化学制剂使用量、节约大量劳力、维持了生态平衡,转基因作物的产业化带来了巨大的经济效益、社会效益和生态效益。转基因玉米播种面积从 1996 年的 16 万公顷增到 2007 年的 2900 万公顷,种植面积由 0.54％上升到 76.51％,上升了 141.7 倍。2005 年转基因玉米市场价值达到 19.1 亿美元。以美国为例,原来每年约有一半的玉米田受棉铃虫危害,损失金额达10 亿美元,种植转基因玉米后,产量提高 9％,每英亩增收高达 60 美元;由于大幅度减少了化学农药的用量,环境效益十分明显,以往美国玉米每英亩平均使用农药 22 美元,而转基因玉米仅用 10~12 美元。可以推测,通过分子育种加快抗虫和抗除草剂转基因玉米的新品种培育,将大大提高社会、经济效益和生态效益。

3. 玉米杂种优势的生物学基础与利用

玉米是异花授粉作物,也是杂种优势利用最成功的粮食作物之一。开展基础研究和新品种选育,在分子水平上逐步揭示玉米生殖发育规律,阐明玉米雄性不育、育性恢复、杂种优势的机理,在育种实践过程中具有理论指导意义,培育出强优势玉米杂交种在玉米生产中应用。玉米杂种优势的研究成果将有巨大的应用前景,具体表现在通过对玉米雄性不育与育性恢复机理的深入研究,克隆配子体细胞质雄性不育基因、育性恢复基因,阐明细胞质雄性不育的分子机理,加快新的不育和育性恢复资源的挖掘和利用,促进我国不育系和恢复系的选育;通过对杂交玉米的表观遗传学、发育生物学、分子生物学和基因组学进行系统地研究,将逐步揭示玉米杂种优势的遗传学基础和分子机理,选育遗传配合力好的不育系和强优势组合,不仅能回答杂交玉米中许多科学问题,还能提升我国玉米整体研究水平。

(三)玉米学科研究方向及重大发展项目建议

未来的玉米研究应立足于玉米生物学基础研究的国际前沿,开展玉米遗传学、分子生物学、栽培生理学,以及玉米杂种优势利用重大科学问题的研究,围绕当前我国玉米生产的重大需求,重点开展三个重大科学问题的研究:玉米高产等优良性状的遗传基础、功能基因及调控网络;加速实现玉米的遗传增益,培育优良新品种;充分发挥玉米产量潜力,实现玉米持续高产。

参考文献

[1] 董树亭,等. 作物优质高产高效栽培[M].北京:中国农业出版社,2000.
[2] 陈永福,李军,马国英,等.粮食供求未来走势预测——基于世界和中国层面的综述[J].山西大学学报(哲学社会科学版),2010,33(5):59-67.
[3] 罗良国,安晓宁.世界玉米需求状况的实证研究[J].调研世界,1999(7):14-16.
[4] 孙东升,梁仕莹.我国粮食产量预测的时间序列模型与应用研究[J].农业技术经济,2010(3):97-106.
[5] 吴敬学,杨巍,张扬.改革开放以来我国玉米生产技术进步研究[J].农业展望,2010(3):54-58.
[6] 张世煌,李少昆.国内外玉米产业技术发展报告(2009 年)[M].北京:中国农业科学技术出版社,2010.

撰稿人:李海滨　李建生

小麦科技发展研究

小麦是我国的第三大粮食作物,近三年(2007—2009)平均种植面积约 3.6 亿亩,单产 4703kg/hm²,总产 1.12 亿吨。黄淮冬麦区约占总产的 70%~75%,南方冬麦区约占总产的 20%,春麦区则不足 5%。新品种及其栽培技术的推广在近几年小麦生产的恢复和发展中起到了关键作用,济麦 22 和矮抗 58 的年种植面积均超过 3000 万亩,分别成为黄淮北片和南片的第一大品种。本文重点介绍最近国内外小麦育种技术的新动向和发展趋势,供国内同行参考。

一、国内进展分析

(一)国内总体进展

2000 年以来,我国小麦育种取得的新进展主要表现在 3 个方面。一是主产麦区育成一批高产、优质、多抗、广适的新品种,实现了两次品种更新换代,单产显著增加,一批强筋小麦品种的大面积推广使商品粮的整体加工品质明显改善,还实现优质小麦的小批量出口。根据种植面积,代表性品种有石 4185、邯 6172、衡观 35、石麦 15、石家庄 8 号(河北)、济南 17、济麦 19、济麦 20、济麦 22、烟农 19(山东)、郑麦 9023、豫麦 34、新麦 18、周麦 18、矮抗 58(河南)、皖麦 52(安徽)、小偃 22、西农 979(陕西)、晋麦 47(山西)、扬麦 11、扬麦 12、扬麦 13(江苏)、川麦 107(四川)、新冬 20(新疆)和龙麦 26(黑龙江)。总体来说,大面积推广品种的产量潜力和加工品质显著提高,而最突出的特点是对多种病害表现较好的抗性,抗逆性强,适应性广。二是矮秆高产抗病亲本"周 8425B"及高产广适品种鲁麦 14 在全国小麦育种中发挥了重要作用,成为新的骨干亲本;具远缘血统的抗病亲本普通小麦——簇毛麦 6VS/6AL 易位系(如 92R137 等)和人工合成小麦在抗病育种中广泛应用。周 8425B 矮秆高产配合力好,含有新的抗条锈病基因 YrZH84 和抗叶锈病基因 LrZH84,抗白粉病,用作亲本育成 22 个品种,如河南省的主栽品种矮抗 58 和周麦 16。鲁麦 14 既是好品种,又是好亲本,用作亲本育成 11 个品种,如山东省的主栽品种济麦 22 和良星 99 等。6VS/6AL 易位系抗白粉病和条锈病,农艺性状较好,用作亲本育成 15 个品种,如石麦 14 和扬麦 18 等;用人工合成小麦育成的川麦 42 和川麦 47 等高产抗病,已在西南地区大面积推广。三是育种技术研究取得重要进展。分子标记辅助育种技术开始用于抗病性品种培育,用小麦与玉米杂交诱导单倍体育成了高产节水品种中麦 533 和中麦 155;小麦品质评价体系建立和分子技术研究取得较大进展;在太谷核不育的基础上,把不育和矮秆两个基因紧密连锁在一起的"矮败小麦"正在育种中应用;冬小麦一年多代加代技术和两系杂交小麦也取得较好进展;另外,将中间偃麦草的抗黄矮病基因和冰草的多粒基因导入小麦并已在新品种选育中发挥作用,磷高效等研究为培育营养高效和广适性品种提供了有效方法。

但是育种中还存在一些较为突出的问题。总体来说,组织形式落后,育种单位多,规模小,缺乏有效协作,材料和信息交流不畅,影响工作质量和效率。具体来讲,一是主产区所用亲本趋于单一。山东省以改造济麦 19 和济麦 22 为主,河北省以改造冀 5418 和邯 6172 为主,河南省多为周麦 16 的后代,亲本单一导致新品种的遗传相似性增加,今后育成突破性品种的难度加大。二是抗病育种还需进一步加强。根据我们 2010 年在四川省的观察,人工合成小麦后代,如川麦 42 所带新的抗条锈病基因 YrCH42 已丧失对条锈病的抗性;6VS/6AL 易位系和贵农号品系所携带的 Yr24/Yr26 在四川等地比例很高,这是一个全生育期抗性的主基因,已开始感病,应引起高度重视(康振生,个人交流)。过去我们曾认为 YrCH42 与 Yr24/Yr26 可能是同一基因,2010 年四川省的观察结果并不支持这一推断。2009 年河南等地不少品种出现白粉病抗性丧失现象,原因尚不清楚。另外,吸浆虫危害在河北南部和北部冬麦区有蔓延趋势;生产上缺乏高抗纹枯病的品种,全蚀病日益严重但普通小麦缺乏抗源,有关研究(包括育种家急需的可靠的抗病性鉴定技术等)亟待加强。三是新技术应用慢,可用的标记数量少,有关产量和抗病性的功能标记更少,分子标记发掘与主流育种项目结合不够紧密,缺乏为育种服务的分子技术平台,育种家对分子标记研究的进展也不够了解,标记选择尚未真正起到辅助新品种培育的作用。四是品种审定还需进一步规范化。近几年审定的品种数量较"十五"期间有所减少,但仍然偏多,可以更严格些,因为审定品种过多对良种推广不利,品种寿命也明显缩短;同时在审定品种中对品质和抗病性的把握不切合实际,影响一些确有潜力的品种通过审定。

(二)重大成果介绍

由中国农科院作物科学研究所等完成的"中国小麦品种品质评价体系建立与分子改良技术研究"2008 年获国家科学技术进步奖一等奖。针对缺乏标准化品质评价体系和品种面筋强度弱、不适合制作面包和优质面条等关键问题,对中国小麦品种的加工品质进行了深入系统研究。①创立中国小麦品种品质评价体系,包括磨粉品质评价、加工品质间接评价和四种主要食品的实验室评价与选择指标三部分;建立中国面条的标准化实验室制作与评价方法,提出并验证选择指标和分子标记选择体系;明确改进面筋强度和面包品质技术要点。②发掘并验证可用于育种的基因标记 22 个,占国际已报道同类标记的 71%,在国际上正式命名 8 个基因的 39 个等位基因。创立高分子量麦谷蛋白亚基酸性毛细管电泳新技术,首次将生物质谱技术用于高、低分子量谷蛋白亚基鉴定。③鉴定克隆 6 个有重要利用价值的谷蛋白新亚基因,首次发现通过非同源异常重组产生新的等位基因,提出谷蛋白等位基因变异形成的新机理。④育成在全国小麦品质育种中发挥关键作用的优质强筋骨干亲本中作 8131-1 和临汾 5064,7 省市用其作亲本育成优质专用品种 10 个,累计推广 1.2 亿亩。⑤发表学术论文 120 篇,其中 SCI 论文 54 篇,中国农业科学和作物学报论文 58 篇,获授权发明专利 10 项。

由中国农科院作物科学研究所等完成的"矮败小麦及其高效育种方法研究"获 2010 年国家科技进步奖一等奖。通过连续大群体测交筛选和细胞学研究,打破高秆与雄性败育的紧密连锁,创造显性核不育基因 Ms2 与显性矮秆基因 Rht10 紧密连锁于 4D 染色体短臂的重组体,即矮败小麦。矮败小麦集异花授粉便于基因交流重组和自花授粉有利于基因纯合稳定的特性于一体,是我国创造的具有重大利用价值的特异种质资源。创立矮败小麦轮回选择技术,即利用矮败小麦构建遗传基础丰富的轮回选择群体,通过花粉源选择与控制及矮秆不育株选择,优化父本与母本;通过父本(非矮秆可育株)与母本(矮秆不育株)杂交,实现基因大规模交流与重组。在国际上首次利用矮败小麦轮选技术建立动态基因库,创建各具特色的轮回选择群体,育成一批超高产、高产稳产、优质高产、抗旱节水等突破性新品种,72个育种单位构建轮选群体210个,育成国家或省级审定新品种42个,获发明专利2项。

由河北省邯郸农科院等完成的"广适多抗高产稳产冬小麦新品种邯6172"获2008年国家科学技术进步奖二等奖。该品种先后通过黄淮南片、北片两大生态区国家审定和晋、冀、鲁三省审定,是我国20世纪80年代以来审定区域最广、应用范围最大的高产广适型小麦新品种之一,实现了高产与广适的结合和高产品种种植范围的重大突破。它具有三大优点:①高产与广适相统一,在国家黄淮南片、北片区试中产量均居第一位,表现出对生态、环境、土壤、肥力等多变条件的高度适应性;②产量高,增产潜力大:一般亩产500~550kg,高产达600kg以上,区试产量较对照增产9.1%;③综合抗逆性强。邯6172连续多年被列为国家主导品种,种植范围遍布晋、冀、鲁、豫、苏、皖、陕、新八省(区),种植面积位居全国前列,年最大推广面积1766万亩,据农业部统计,截至2011年累计推广超过1亿亩。

由四川省农业科学院作物研究所等完成的"人工合成小麦优异基因发掘与川麦42系列品种选育推广"获2010年度国家科学技术进步奖二等奖。利用"大群体有限回交"高效育种技术体系,克服了人工合成小麦基因资源育种利用难题,国际上首次育成小麦新品种川麦42等4个。突破性品种川麦42比对照增产22.8%,创造了710kg的高产纪录,比已有高产纪录提高了近200kg,实现历史性突破。研究揭示了人工合成小麦及衍生品种的高产抗病遗传基础,发掘出一批小麦重要基因、高产位点和QTL富集区;发表学术论文71篇,10篇论文被SCI收录;获国家发明专利2项。

二、国内外发展研究分析

(一)增加小麦研发投入

由于全球粮食短缺,加之小麦研究投入严重不足,小麦改良列入2011年9月在法国召开的G20国家领导人会议日程,呼吁加强全球小麦研究的协作与交流,加大投资力度。由CIMMYT主持,CIMMYT和ICARDA等合作提出的小麦研究项目WHEAT已获CGIAR理事会批准,这是一个针对发展中国家的长期(20~30年)发展计划,共包括10个子项目,即:①技术针对性的经济分析,小麦研究的主要目标是提高粮食安全、减少贫困和保护环境;②可持续的小麦种植制度,通过减小气候变化影响和降低投入,使农民的产量和收入增加15%~25%;③利用新技术提高水肥利用率;④培育高产小麦品种;⑤持久抗性育种和病虫害治理;⑥通过遗传和生理途径改进抗热性和抗旱性;⑦打破产量屏障;⑧保障种子供给;⑨种质资源发掘与利用;⑩人才培养。项目针对发展中国家需求,与发达国家及公司等密切合作,3年总经费超过1亿美元,启动会将于2012年1月16—20日在墨西哥举行,法国也启动了小麦新技术项目,名称为BREEDWHEAT,其目标是研究基于基因组学的高效育种新方法,为培育优质高产品种服务,强调利用高通量的表型和基因型鉴定技术进行新基因发掘和种质改良。共有26个单位参加,包括11个私有公司,9年总投资3900万欧元。另外,英国和美国也启动了新的小麦项目。

(二)溶剂保持力已成为软质麦品质评价的主导方法

溶剂保持力(solvent retention capacity ,SRC)于1999年通过AACC认定,编号为AACC 56-11。SRC已成为软质麦品质评价的主导方法,Kweon等就该方法的原理和应用效果等发表了长篇综述,详见Cereal Chemistry,88(6):537-552。SRC是指面粉在一定离心力作用下,能保持溶剂量的多少。SRC包括4种溶剂,分别为去离子水、50%(w/w)蔗糖溶液、5%(w/w)碳酸钠溶液以及5%(w/w)乳酸溶液。乳酸SRC反映面粉的面筋特性,在一定范围内,其值越高,表明软麦面筋特性越好;碳酸钠SRC反映损伤淀粉数量,数值高,表明损伤淀粉含量高;蔗糖SRC反映戊聚糖含量和醇溶蛋白特性,在一定范围内,数值低,则表明戊聚糖含量低,醇溶蛋白特性好;水SRC则反映所有面粉组分的综合影响。SRC反映出的面筋和损伤淀粉等理化特性,能弥补饼干测试的不足。由于饼干是低水分含量的烘焙食品,故要求面粉具有较低的吸水能力、低淀粉破损率和戊聚糖含量。美国软麦品质实验室推荐了制作饼干面粉的四种SRC值的最佳范围,水SRC、碳酸钠SRC、糖SRC、乳酸SRC分别为≤51%、≤64%、≤89%、≥87%。一个新SRC参数面筋特性指数[gluten performance index,GPI=乳酸SRC/(碳酸钠SRC+蔗糖SRC)]可以很好地预测面粉蛋白质特性。SRC是评价小麦品质的有效指标,为了在育种早代利用SRC方法,Bettge等分别用1克面粉、1克全麦粉和0.2克全麦粉代替标准方法的5克面粉,完全可行,适于育种早代选择。

(三)已证实兼抗多种病害的成株抗性基因成株抗性或慢病性的利用已成为国际育种的主要方向

已公认的兼抗多种病害成株抗性基因簇分别位于1BL和7DS染色体上,为培育兼抗的慢病性品种提供了可能。Lillemo等将1BL染色体上的条锈病成株抗性基因Yr29、叶锈病成株抗性基因Lr46和白粉病成株抗性基因Pm39和7DS染色体上条锈病成株抗性基因Yr18、叶锈病成株抗性基因Lr34和白粉病成株抗性基因Pm38分别定义为同一基因,即以往认为3种病害分别由3个基因所控制,实际上是同一基因。说明这两个位点均对条锈病、叶锈病和白粉病表现成株抗性,Yr18/Lr34/Pm38已被克隆,DNA序列分析显示这3种病害由同一位点所控制,进一步证实了其定义为同一基因的正确性,Yr29/Lr46/Pm39的克隆工作正在进行中。Singh在7DS染色体区域检测到一个在成株期耐大麦黄矮病基因Bdv1,并对秆锈病具有一定成株抗性,它们可能与Yr18/Lr34/Pm38是同一基因。Herrera-Foessel等检测到1个兼抗叶锈病和条锈病的成株抗性基因,位于小麦基因组的4DL染色体上,命名为Yr46/Lr67,该位点与Lan等在中国小麦品种百农64中检测到的白粉病成株抗性QTLQpm.caas-4DL位于同一位点。由于它们的抗性来源均为普通小麦,所以推测该位点很可能是第三个兼抗条锈病、叶锈病和白粉病的多种病害成株抗性位点。虽然该基因的抗性效应不及 Yr18/Lr34/Pm38,但由于百农 64 的农艺性状相对较好,该位点将是小麦持久抗病育种的另一个重要基因资源。在 2BS、2BL、3BS、6BS、4BL 和 5DL 染色体也发现抗病基因成簇分布,但还有待进一步发掘和利用。

(四)警惕麦瘟病全球扩散

麦瘟病(Wheat Blast)是南美出现的一种新的小麦病害,流行区域包括巴西、阿根廷、玻利维亚和巴拉圭等热带和亚热带地区,可造成 5%~100% 产量损失。气候是影响病害发生流行的主要因素,高温潮湿可导致麦瘟病大流行。麦瘟病的病原菌为 *Magnaporthe grisea*,具有寄主专化性,来自不同寄主的 *M. grisea* 菌系对小麦的致病性有显著差异,同时在小麦品种和 *M. grisea* 菌系间存在明显的生理专化性。已报道的小麦抗麦瘟病基因有 5 个,分别是 Rmg1、Rmg2、Rmg3、Rmg4 和 Rmg5。由于生产上尚无控制此病害的有效方法,故应加强研究,以阻止麦瘟病在全球的扩散和蔓延。

(五)世界小麦育种专著第 II 卷正式出版

由法国利马格兰公司编著,*The World Wheat Book Volume 2, A History of Wheat Breeding* 包括 5 部分,内容丰富,兼备应用性和学术性,是一本难得的、有重要参考价值的国际小麦专著。第一部分共 19 章,包括比利时、荷兰、挪威、芬兰、爱尔兰、西班牙、保加利亚、立陶宛、捷克、拉脱维亚、希腊、墨西哥、巴基斯坦、孟加拉、印度、以色列、摩洛哥、突尼斯、巴拉圭的小麦生产和育种历史与现状;第二部分共 6 章,分别为英国、匈牙利、中国、澳大利亚、加拿大、阿根廷的栽培技术;第三部分共 9 章,为新技术应用,包括基因组学、分子标记、光周期和春化基因的分子鉴定、模拟技术、人工合成小麦应用、小麦生物信息学、生理在育种中的应用、杂交小麦、高铁锌生物强化小麦;第四部分为品质,包括 3 章,即 21 世纪的蛋白质和脂肪、磨粉品质、饲料小麦;第五部分为生物与非生物逆境,包括抗病毒育种、抗虫育种及抗真菌性和细菌性病害育种。本书的第 I 卷于 2000 年出版,在国际上受到高度评价,主要包括栽培小麦起源、小麦改良的遗传基础、欧洲小麦(英国、法国、德国、匈牙利、波兰、丹麦、俄罗斯、意大利、瑞典、奥地利、罗马尼亚、乌克兰、南斯拉夫)、北美(美国西北部、加拿大)、南美(阿根廷、巴西)、澳大利亚和新西兰、东亚(中国、日本、韩国)、西中亚(西伯利亚和卡扎克斯坦、印度、尼泊尔、高加索、土耳其、伊朗)、东非和南非共 35 章,还包括新技术应用等 9 章。目前已开始编写第 III 卷,目标是补齐前两卷中没有包括的一些国家的小麦育种历史和现状,还有其他内容,初步设计为 41 章,预计 2015 年出版。

三、发展趋势与展望

我国小麦生产的总体目标是基本满足国内需求,为了保持并提高小麦的市场竞争力,必须进一步提高单产、改善品质、应对气候变化、提高水肥利用率。从技术来看,在完善和加强常规育种的同时,期望 10 年内分子育种和转基因取得突破,种业的新政策将带动私有投资,提高小麦育种水平。

(一)提高产量潜力

未来全球对小麦的需求仍将呈大幅度增长趋势,进一步提高单产是多数国家的研发重点。据预测,从目前到 2030 年全球小麦的需求量每年增长 1.6%,而 1982—2008 年的年产量实际增长仅为 1.3%。到 2050 年发展中国家对小麦的需求将比现在增长 60%,而气候变化将使发展中国家小麦减产 29%。为此,2009 年 11 月 CIMMYT 成立了国际小麦产量潜力协作网,其研究重点内容包括改进光合作用,改良适应性、产量和收获指数及抗倒伏性的研究方法,通过育种重组各类主要性状。总体来说,通过常规选择和新技术来改良生理性状是未来的研究重点,提高产量潜力和缩小实际产量与产量潜力的差距同等重要,而改良各种抗性、提高品种的适应性及改进栽培技术也都是缩小实际产量与产量潜力差距的重点措施,还详细分析了利用分子技术突破产量潜力的途径。

我国缺乏有关小麦需求的官方预测资料。随着人口的增加和消费水平的提高,预计小麦消费量将会继续增加,同时小麦未来作为第二大口粮作物的地位(在北方则为第一大口粮作物)也不会改变。据测算,我国要保障 2020 年 14.5 亿人口的粮食安全,小麦产量需在现有基础上增加 28%。另外,我国的小麦产量和消费量皆居世界首位,因此国内小麦收成的丰歉对国际市场影响很大。故从国内需求和国际责任来看,我国必须采取各种有效措施保障小麦持续增产。由于进一步扩大小麦面积的可能性很小,甚至在北部冬麦区和春麦区小麦面积可能还会继续减少,所以首先要稳定面积,但更重要的是进一步提高单产,因此高产更高产仍是我国小麦育种最基本、最重要的目标。就全国而言,重点要抓冬麦,北方以黄淮冬麦区为主,北部冬麦区虽然面积不大,但冬小麦是唯一的越冬作物,具有重要的环保价值。长江中下游和四川盆地则是南方冬麦区的重点。

如前所述,近 10 年来河南省和山东省小麦品种的产量潜力仍在继续增长,两地的穗粒数都有了显著提高,而河南省的千粒重和穗粒重也明显增加;两地的株高变化都不大,但收获指数却显著提高,骨干亲本的育成对产量潜力提高起到重要作用。由此看来,产量构成因素的改进潜力在不同地区可能有所差异,但通过增加穗粒数和改良株型、增强抗倒伏性和提高收获指数仍能继续提高产量潜力,说明常规育种还有不少潜力可挖,必须大力加强这一工作,品种选育才能有所前进。从长远来看,转基因和杂交小麦也是提高产量的可能选择。

(二)应对气候变化

CIMMYT 出版了《2009 年小麦现状与未来》专刊,其中"气候变化对小麦未来的影响"一文对国内有重要参考价值。气候变化对小麦生产的影响是多方面的,主要表现为温度升高、大气中 CO_2 浓度增加及降雨量分布的变化,适度的增温(1～3℃)对中高纬度地区的小麦有一定的增产作用,但进一步提高温度则会导致减产;对热带和亚热带地区,1～2℃的微弱增加也会造成减产,但对高纬度的春小麦产区如我国的黑龙江、加拿大和美国的部分地区则会有利,表现为播种期提前,避开后期晚霜霜冻,甚至可能改种冬小麦。大多数半冬性小麦产区的冬性会有所减弱。增加大气 CO_2 浓度对增产有利,主要原因是提高了光合作用。从育种的角度来看,气候变化对品种的适应性和病虫害的抗性提出了更高的要求,因此培育耐高温和水分高效品种,尤其是后期耐高温、灌浆快的品种至关重要,人工合成小麦和地方品种可能会对解决这些问题发挥重要作用。

为了减小气候变化对小麦生产的影响,CIMMYT、美国和澳大利亚等在 20 世纪 90 年代就开展了抗热性研究,而国内的相关研究则较少。为了应对气候变化,初步认为,应注意选育在不同播期、冬春偶发的阶段性高温或倒春寒等条件下皆表现稳定的广适性品种,除了选择广适性亲本进行杂交外,还要加强高代品系的多点鉴定,辅之以抗热或抗旱/寒筛选,国内这方面的研究十分薄弱,亟待加强。

应对气候变化的另一措施是在春麦区改种冬麦,不仅能大幅度提高产量,而且熟期显著提前,有利于安排农业生产。近几年在宁夏和甘肃都已取得较大进展就是明显的实例。经过近 20 年的努力,2010 年宁夏引黄灌区冬麦品种宁冬 10 号和宁冬 11 的收获面积已达 34133km²,产量比春小麦高 20%～50%,熟期比春小麦提前 15～20 天,2011 年秋播冬麦达 46667km²,约占当地小麦面积的 40%。总体来说,春麦改种冬麦仍处在起步阶段,首先要明确冬麦的可能适应区域,其次是选育越冬性强的高产品种。过去 20 多年由于天气变暖,我国冬麦区的北缘如北京地区选育的部分品种抗寒性有所下降,建议加大品种筛选和多点试验力度,为改种冬麦提供高产稳产的广适性品种。

(三)种业商业化

小麦是自花授粉作物,生产应用常规种子,长期以公立机构育种为主,只有欧洲例外。近年来由于加强品种保护等因素,小麦种业私有化步伐显著加快,澳大利亚的育种已全部商业化,美国的私立公司育种规模正在迅速扩大,印度也不例外。近十几年来,美国的小麦产业竞争力明显滞后于玉米和大豆,其根本原因是私立公司培育的转基因玉米和大豆品种大面积推广。除了转基因带来的技术进步外,更重要的是大规模投资带来的其他效应促进了产业发展。因此,国际上一直呼吁加大私立公司对小麦研发的投入力度,其切入点是发展转基因和杂交小麦,目前正在协商将转基因技术用于杂交小麦的合作方式,以推动小麦产业发展。

为了应对小麦生产所面临的诸多难题,跨国公司如孟山都公司、贝尔作物科学公司、先正达公司等掀起了转基因小麦研发热潮,另外,澳大利亚联邦科工组织正在进行抗性淀粉转基因小麦的田间试验。由于所需投资很大,没有私立公司的介入,转基因小麦研发的难度会很大。由于我国启动了包括小麦在内的转基因重大专项,加上转基因水稻和玉米的环境释放,国际学术和产业界对中国转基因小麦研发寄予很大希望。我国在抗旱、抗病和抗穗发芽转基因小麦研究方面已取得较好进展,但目前转化效率仍然较低,缺乏大规模转基因平台,同时目标基因短缺,这些都将影响我国转基因小麦的研究进程。

近十年来,国内小麦种业发展迅速,公司已成为小麦新品种推广的主体,私立公司投资小麦育种和种子经营的力度正在加大,这在黄淮冬麦区南片更为突出。以 2009—2010 年度黄淮南片区域试验为例,以公司名义参加区试和预试品系的比例分别为 37.5% 和 36.7%,估计今后还会继续增加。虽然目前公司多、规模小,带来这样那样的问题,但明显增加了育种经费的投入,在品种繁育营销中的主体作用及带来的就业机会等在很大程度上促进了小麦产业的发展。商业育种更看重品种的卖相,如田间长相好、整齐好看、穗大粒大、抗倒伏等,但大面积品种数目会减少,小面积品种数目将会增多。预计今后公司的作用会进一步加强,公立育种机构与私立公司的合作将进一步密切和扩大,国外种子公司也很可能介入,特别是转基因小麦产业化,我们应有所准备。

参考文献

[1] 何中虎,夏先春,陈新民,等.小麦育种进展与展望[J].作物学报,2011,37(02):201－215.

[2] 彭居俐,周益林,何中虎,警惕麦瘟病全球扩散[J].麦类作物学报,2011,31(5):989－993.

[3] 何中虎,兰彩霞,陈新民,等.小麦条锈病和白粉病成株抗性研究进展与展望[J].中国农业科学,2011,44(11):2193－2215.

[4] 肖永贵,殷贵鸿,李慧慧,等.小麦骨干亲本"周8425B"及其衍生品种的遗传解析和抗条锈病基因定位[J].中国农业科学,2011,44(19):3919－3929.

[5] Dixon J,Braun H J,Kosina P,et al. Wheat Facts and Future 2009[M]. Mexico,D F:CIMMYT,2009.

[6] Meera Kweon,Louise Slade,Harry Levine. Slovent retention capaciety（SRC）testing of wheat flour:principles and value in predicting flour functionality in different whea based food processes and in wheat breeding－a review[J]. Cereal Chemistry,2011,88(6):537－552.

[7] Zheng T C,Zhang X K,Yin G H,et al. Genetic improvement of grain yield and associated traits in Henan Province,China,1981 to 2008[J]. Field Crop Research,2011,12:225－233.

撰稿人:何中虎

大豆科技发展研究

大豆既是人类食用植物油和蛋白质的重要来源,也是饲料蛋白的主要来源。我国是世界大豆生产大国之一,产量和面积均居世界第四。目前,全国大豆种植面积约 1.3 亿亩,总产 1500 万吨,在农业生产和国民经济发展中占有重要地位。我国虽是世界大豆生产和消费大国,同时也是进口大国,我国大豆消费国际依存度高达 80%,目前进口大豆超过 5400 万吨,受进口大豆和比较效益下降等因素影响,国内主产区农户种植大豆的积极性继续减弱,大豆产业面临着极为严峻的考验。因此提高大豆生产能力和增加有效供给,是我国当前和今后发展农业生产和保障食物安全的重要任务。在耕地持续减少、水资源日益短缺、生态环境不断恶化、自然灾害发生频繁的背景下,我国发展大豆生产的任务十分艰巨。由于扩大大豆种植面积的潜力非常有限,因此发展大豆生产的根本出路是依靠科技进步来大幅度提高单位面积产量。近年来,大豆科学研究作为增加大豆生产和保障供给的核心措施,取得了良好进展。本文概述了近年来我国大豆科技工作的主要进展及在我国大豆生产中发挥的作用。

一、本学科最新研究进展

(一)大豆遗传研究与品种选育

(1)大豆育种进度有所加快。2010—2011 年通过国家审定大豆新品种 38 个,更多品种通过省级审定,其中,高油品种 16 个,高蛋白品种 8 个,脂肪氧化酶双缺失的无腥大豆品种 1 个,大豆杂交种 1 个。新品种的产量潜力也有所提高,区试中部分品种平均亩产超过 250kg,超过 200kg 的品种已经比较常见。抗灰斑病、病毒病、疫霉根腐病大豆新品种的育成,标志着我国大豆抗性育种水平不断提高。

(2)大豆分子标记辅助育种技术取得新的进展。在品质性状方面,在 D2、E 和 K 连锁群上定位到与蛋白质含量相关的 QTL,在 13 个连锁群上,定位与脂肪含量相关的 QTL 共有 47 个。在抗性标记方面,获得与大豆胞囊线虫 3 号小种抗性相关的 QTL 2 个,与疫霉根腐病相关的 QTL 8 个。在抗逆性状方面,在 3 个不同连锁群定位了与抗旱相关的 QTL 2 个,与耐淹性相关的 QTL 2 个,与耐盐碱基因有关的 QTL 1 个。在光合性状方面,共定位与光合速率、气孔导度、胞间 CO_2 浓度和蒸腾速率有关的 QTL 6 个,还定位了一批与抗倒伏、抗病虫等相关分子标记。

(二)大豆栽培技术

近年大豆单产的大幅度增加与栽培技术模式的不断完善和到位率的提高有直接关系。黑龙江省农垦系统的科技人员依照生态、栽培、品种三者协调和促控两条线的调控原理,不断改进"两密一膜"(大垄密、深窄密、行间覆膜)栽培技术体系,创造大面积高产。其中,八五二农场在连续 3 年受灾的情况下,采用大垄膜下滴灌技术大面积亩产稳定在 280kg 以上。在西北绿洲地区,通过借鉴棉花栽培技术经验,创造了大豆膜上精量点播、膜下滴灌栽培模式。新疆生产建设兵团 148 团采用此项技术,创造了小面积亩产 405.9kg、大面积亩产 362.6kg 的全国大豆单产新纪录。南方地区进一步深化对间套作体系的增产优势、群体配置等方面的研究,完善玉米套大豆高产高效栽培技术模式,大面积示范平均增产 22.5kg。

在大豆氮素营养研究上,发现植株营养体建成期以土壤氮及肥料氮供应为主,荚果形成则以根瘤固氮为主,达到 58.8%~70.6%。研究优化水资源利用、测墒滴灌、集水补灌等技术,提高水肥利用率。发现根瘤菌竞争结瘤是多个蛋白协同作用的过程,并受不同菌株相互作用的影响。大豆与禾本科间套作时,禾本科作物可快速转移土壤中的氮,为根瘤菌排除"铵阻遏"的障碍,实现两种作物互惠增产。

大豆生产机械化程度不断提高,农机农艺配套性增强。东北地区建立了规模化生产条件下的基于国产机械化、智能化技术的大豆生产装备技术体系。适应南方地区间套作栽培模式配套的大豆播种研制也取得进展。黄淮海地区麦茬机械化免耕播种技术研究取得实质性进展,攻克了麦茬地大豆精量播种机防堵技术难题,一套具有中国特色的麦茬地主动清秸、覆秸大豆栽培机械化技术体系正在形成。2011 年国家大豆产业技术体系在麦茬大豆机械化免耕播种技术和机具研发方面取得了突破。研制成了"2BMF - 3A 型弹齿式麦茬地大豆免耕覆秸播种机"。该播种机在行进过程中可将麦秸全部扒到播种机的左侧,等播种机往回播种时,将麦秸均匀地覆盖在刚才播完种的地方。采用大豆麦茬免耕覆秸精量播种技术,一次进地即可实现精量播种和侧深施肥,不仅减少了用工及动力费用,而且每亩可节省种子 1~2kg,节约成本效果显著。由于播种后田间均匀覆盖麦秸,下雨后土壤不板结,保墒能力得到提高,大豆出苗整齐,生长苗壮,真正实现了苗匀、苗齐、苗壮。该机研制成功解决了长期制约黄淮海地区大豆生产的关键问题,将推动黄淮海夏大豆生产的发展。

二、学科的最新进展在农业发展中的重大应用、重大成果

(一)国家"973"项目"玉米大豆高产优质品种分子设计和选育基础研究"已经正式启动

为了确保我国粮食安全,加快育种进程,培育高产优质大豆新品种,该项目将综合利用作物育种、基因组学和生物信息学等多学科理论和方法,开展分子设计育种的基础研究,为在优良遗传基础上对大豆重要农艺性状有利等位基因进行定向组装,培育大豆高产优质育种新材料,实现从经验育种到分子设计育种的转变。重点解决当前大豆分子设计育种中的两个关键科学问题:如何鉴定出在育种上具有重要应用价值的分子靶点,阐明大豆高产优质重要性状形成的遗传基础及分子机制;如何在育种实践中快速有效地设计并聚合有利的分子靶点,建立分子设计与多基因组装育种的理论和方法体系。至 2011 年该项目各项研究目标已经顺利实现。

(二)广适高产优质大豆新品种"中黄 13"的选育与应用

中国农科院作物科学研究所培育的"中黄 13"获 2011 年国家科技进步奖一等奖。该成果创建了广适应高产大豆育种技术体系,选育优良新种质 308 份。提出了不同纬度与遗传远缘亲本杂交培育广适应大豆的育种理论,创建了广适应高产大豆育种技术体系,以不同纬度、遗传远缘、性状互补三类种质为亲本,以异地加代、早代淘汰、高肥水筛选为手段,在跨区适应性表型鉴定与蓝光受体基因分子鉴定的基础上,结合多个熟期与抗性鉴定,创制出优良新种质 308 份,为培育广适应高产大豆新品种奠定了技术和材料基础。培育出广适应高产优质大豆新品种"中黄 13",实现了大豆育种新突破。其突出经济指标为:①适应性广。7 个省市审定,适宜种植区域跨两个亚区 13 个纬度(29°N~42°N),为国内纬度跨度最大的大豆品种。②高产。在黄淮海地区创亩产 312.4kg 大豆高产纪录,7 省市区试,平均亩产 176.9kg,增产 11.9%,其中安徽区试亩产 202.7kg,增产 16.0%,全部 25 个试点均增产,产量第一位。③优质。蛋白含量高达 45.8%,籽粒大,商品品质好。④多抗:抗倒伏,耐涝,抗花叶病毒病、紫斑病,中抗胞囊线虫病。建立了中黄 13 育繁推一体化推广模式,实现了大面积应用。提出了产地环境条件、群体产量结构、生育时期指标和精确定量栽培技术要点,制定适合不同地区的栽培技术规程,建立了育繁推一体化推广模式,实现 13 个省市推广应用。2007—2009 年推广 3101 万亩,年种植面积连续三年居全国首位,是 15 年来唯一超千万亩的大豆品种,占北京地区 58.1%,黄淮地区 29.5%,全国 9.0%,社会、经济效益 23.3 亿元。累计推广 4324 万亩,社会、经济效益 32.5 亿元。中黄 13 的育成型与推广整体提升了我国大豆育种水平,促进了大豆生产的发展,对保障我国食物安全和农民增收做出了重要贡献。

三、作物学国内外研究进展比较

(一)基因组研究与分子育种

(1)大豆基因组测序完成。美国科学家利用全基因组鸟枪测序方法完成了大豆 11 亿个碱基对中 85%序列的测定并进行了广泛分析,这标志着大豆全基因组测序和染色体整合在 2010 年已经完成,为全基因组功能标记、非功能标记的开发及品种全基因组档案建立奠定了基础。香港中文大学和华大基因研究院等单位合作,通过对 17 份野生大豆和 13 份栽培大豆进行全基因组重测序,总共发现了 630 多万个单核苷酸多态性位点(SNP),建立了高密度的分子标记图谱,鉴定出了 18 万多个在两类大豆资源中获得和缺失的变异(PAV),明确了在栽培大豆中获得以及丢失的基因,为大豆种质资源保护和分子育种带来新的科学启示。

(2)转基因品种多样化。美国孟山都公司除了继续推广第一代抗除草剂大豆品种外,第二代转基因大豆 Genuity Roudup Ready 2 Yield 也已经实现商业化,新一代转基因品种不但具有耐除草剂特性,而且还表现高产、抗病。在品质改良方面,孟山都公司推出的高油酸大豆于 2010 年 6 月获得了美国农业部发放的种植许可,其油酸含量比目前任何商业化种植的大豆品种都要高。此外,抗麦草畏、高产、抗虫高产、高 $\Omega-3$ 亚麻酸、高 γ - 亚麻酸(GLA)、高油等类型的转基因品种已经或即将上市,转基因大豆实现了品种多样化。

分子育种技术应用加快。一是开发更多的与重要育种性状相关的分子标记,在抗性育种方面,运用 SSR 和 SNP 标记,在 D_2 连锁群上定位了 1 个与大豆胞囊线虫 2 号生理小种及猝死症相关的 QTL 位点;在 J、I 和 G 连锁群上检测到与疫霉根腐病相关的 QTL 位点,在 M 连锁群上定位到与蚜虫抗性相关的位点。在抗逆性研究上,对干旱胁迫下大豆根的蛋白质组学进行了深入研究,运用 AFLP 和 STS 标记检测得到与耐涝性相关的标记;利用野生大豆杂交变异群体在 C_2 连锁群上获得了与耐盐碱相关的 QTL。在光合性状研究方面,在 C_2 连锁群上获得了与光不敏感基因的定位;利用含有 184 个株系的重组自交系群体对与叶绿素相关的 JIP 测定参数、调制荧光参数和光合速率进行 QTL 定位,检测到 26 个 QTL,其中的 13 个在不同环境稳定存在,有 4 个主效 QTL。二是分子标记辅助育种技术向自动化方向发展,一些生物技术公司已实现大豆分子标记技术的高度自动化,将其广泛应用于杂交后代筛选和品种纯度检验。三是分子标记辅助育种技术、分子设计育种技术、转基因育种技术在大豆品种改良过程的结合更紧密,美国孟山都公司在这方面的进展尤为迅速。

美国密苏里州的农场主 Kip Cullers 在大面积(约 $20km^2$)条件下,连续 4～5 年获得每公顷 4354kg 的产量。主要经验是精细管理,多次少量灌溉,减少落花。

分子标记和基因组学在育种中的应用情况。目前已经发表了约 4000 个大豆性状 QTL,并应用到抗胞囊线虫等性状的分子辅助育种(MAB)。

在新品种培育方面,如培育适应未来恶劣气候变化耐 O_3 育种、耐旱育种、耐酸铝育种方面取得进展,培育出一批不同熟期组的油酸含量在 70% 以上的材料。在低植酸大豆品种选育方面,重点是提高低植酸大豆材料的种子出苗率。

在大豆遗传资源全基因组 SNP 标记扫描研究方面,美国采用 ILLUMINA 芯片技术,已经完成 96 份农家品种和 96 份育成品种的全基因组 SNP 分析,目前正进行 19768 份 PI 资源的全基因组 SNP 筛选分析,包含 177347 个 SNP 位点,有 46735 个位点存在多态性。

(二)耕作栽培技术

在美国、巴西、阿根廷等大豆主产国,节本高效栽培技术体系日臻完善。该体系的基本特征是:以抗除草剂转基因品种为技术载体,以喷施高效、低毒、低残留除草剂为主要田间管理手段,以免耕和秸秆还田为保水培肥措施,以大机械作业为生产方式,以规模化农场为基本生产单元,生产品质稳定而均一的产品,由农民协会和跨国粮商联合进行市场营销。

针对全球变暖导致的大豆生产环境变化问题,国外重视研究大豆田温室气体排放与低碳农业之间的关系,包括不同施肥和耕作利用方式,温度带和质地类型土壤中温室气体排放量与动态变化,大豆产量与温室气体排放量的关系,生态系统中碳氮损失及其过程模拟,耕作模式变化对土壤性质、养分的影响及作物的反应,极端环境下土壤灌溉与氮素管理方法等。在营养吸收规律和施肥技术方面,主要侧重营养元素的迁移转化及对大豆的影响,有机物料施用与其他养分的关系,以及养分最佳管理及应用等方面的研究。

在大豆根瘤固氮研究方面,发现共生受体激酶 SYMRK 在共生信号传递途径中是根瘤菌共生信号接受和转导的交汇点,是所有植物内共生体形成所必不可少的受体蛋白;对2000—2008 年间美国 5 个州 73 个地区的根瘤菌试验数据进行分析,发现只有在 0.2％～11％地区,接种根瘤菌可取得正回报,建议在老的大豆种植区不接种根瘤菌,但新大豆种植区,根瘤菌的接种是必需的。

(三)精准农业与保护性耕作装备

美国、欧洲和日本等农机技术先进国家和地区注重"3S"、传感、信息、图像识别、机电液一体化等技术和系统优化方法的研究和应用,开发、完善了与大豆产前、产中和产后各环节相配套的智能化、高质量、高效率、高可靠性和安全性系列装备。围绕精准农业与保护性耕作两大主题,国际大豆生产农机装备技术正在不断地向多功能、大型化、智能化和安全、可靠、舒适的方向发展。

四、本学科发展趋势及展望

(一)大豆学科未来十年的发展目标和前景

根据《国家粮食安全中长期规划纲要(2008—2020 年)》和《国家中长期科技发展规划纲要(2006—2020 年)》,大力加强高产、高效大豆新品种培育、高产高效栽培技术研究、实用农机装备研制和高效低耗加工技术等优先领域的重大关键技术研究,力争在品种、栽培技术和机具三方面取得突破性进展;大力强化大豆重大关键技术科技成果的集成与转化示范,推进科技成果尽快转化成现实生产力;加强创新平台基地建设和人才队伍建设,提高大豆产业科技自主创新能力。

通过科技创新,力争到 2020 年,全国大豆年种植面积恢复到 1.5 亿亩,单产达到160kg/亩,总产量达到 2400 万吨,分别比 2010 年增加 2300 万亩、35kg/亩、900 万吨,增幅分别达到 18％、28％和 65％;大豆自给率达到 30％左右。

(二)发展趋势预测

大豆品种改良实现重大突破,高产优质品种全面普及推广,使我国大豆自给率达到30％。面对全球性气候变暖和灾害性气候发生频率的提高,品种的抗逆性全面提高;我国各产区大豆生产基本实现"五化"(机械化、轻简化、集成化、规模化、标准化),大型农场大豆生产初步实现精准化。

(三)研究方向及重大项目建议

1. 大豆高产、优质、高效、抗逆新品种选育

采取常规育种和分子育种相结合的综合措施,重点选育一批满足不同生态地区和生产条件需要的新品种。

2. 大豆高产、高效、绿色安全栽培技术与模式研究及示范

通过高产技术与高效、无公害生产管理相结合,在大豆轻简化高效栽培技术机械化、大豆"三良五精"高产栽培技术等领域实现突破,实现油料作物的高产、优质、高效、低耗生产。

3. 大豆生产机械化装备研制

研究探索适应我国大豆生产特点的种植机械新原理和结构,研究开发适应能力强、作业性能好的大豆联合作业机械、耕种一体化的多功能复式作业机械技术体系和装备系统,提高机械化作业水平,降低生产成本。

4. 大豆增产技术集成和示范

集成高产大豆新品种、轻简化栽培、机械化生产等高产高效栽培技术和模式,扩大示范区,以技术集成带动技术创新,以转化示范带动大面积持续增产和产业持续发展,为保障大豆供给安全提供持久性的技术支撑。

参考文献

［1］Aninsworth E A，Yendrek C R，Skoneczka J A，et al. Accelerating yield potential in soybean：potential targets for biotechnological improvement[J]. Plant, Cell and Environment,2012，35:38－52.

［2］Kulcheski F R，de Oliveira L F，Molina L G，et al. Identification of novel soybean microRNAs involved in abiotic and biotic stresses[J]. *BMC Genomics*，2011，12:307.

［3］Kandoth P K，Ithal N，Recknor J，et al. The Soybean Rhg1 locus for resistance to the soybean cyst nematode Heterodera glycines regulates the expression of a large number of stress－and defense－related genes in degenerating feeding cells[J]. *Plant Physiol*，2011，155(4):1960－1975.

［4］Shi A，Chen P，Vierling R，et al. Multiplex single nucleotide polymorphism (SNP) assay for detection of soybean mosaic virus resistance genes in soybean[J]. Theor Appl Genet，2011，122(2):445－457.

［5］Mallinger R E，Hogg D B，Gratton C. Methyl salicylate attracts natural enemies and reduces populations of soybean aphids (Hemiptera：Aphididae) in soybean agroecosystems[J]. *J Econ Entomol*，2011，104(1):115－124.

［6］Dong S，Yin W，Kong G，et al. Phytophthora sojae Avirulence Effector Avr3b is a Secreted NADH and ADP－ribose Pyrophosphorylase that Modulates Plant Immunity[J]. *PLos Pathog*，2011，7(11):e1002353.

［7］Shen D，Ye W，Dong S，et al. Characterization of intronic structures and alternative splicing in Phytophthora sojae by comparative analysis of expressed sequence tags and genomic sequences[J]. *Can J Microbiol*，2011，57(2):84－90.

［8］Xia C J，Zhang J Q，Wang X M，et al. Analysis of Genes Resistance to Phytophthora Root Rot in Soybean Germplasm Imported from America[J]. ACTA AGRONOMICA SINICA，2011，37(7):1167－1174.

［9］Chen J S，Li X B，Li Z Y，et al. Behavior and enviormental adaptability of the soybean Cyst Nematode[J]. Heilongjiang Agricultural Science，2011，11:47－49.

[10] Yuan M. Soybean Cyst Nematode Dynamics and Control Measures in Western Heilongjiang. Heilong jiang Agricultural Sciences, 2011(5):47 − 48.

[11] Yang H, Huang Y, Zhi H, et al. Proteomics − based analysis of novel genes involved in response toward soybean mosaic virus infection[J]. *Mol Biol Rep*, 2011, 38(1):511 − 521.

[12] Tan K F. Study on the Species and Control Strategies of Insect Pest in Soybean Field in the Modern Agriculture Garden in Xingshisi Village of Gannan County in 2010. Heilong jiang Ag ricultural Sciences, 2011(3):58 − 60.

[13] Meng F L, Wang Z K, Sun J, et al. Change of Isoflavanones Content in Leaf of Soybean Induced by Soybean Aphid[J]. Crops, 2011, 1:59 − 62.

[14] Wang N N, Yu Z H, Jia H B, et al. Physiological and hyperspectral characteristics analysis of soybean damage by aphids in two cultivating modes[J]. Chinese journal of oil crop sciences, 2011, 33(1):48 − 51.

[15] Wang J, Liu M, Wang Z K, et al. Advances in Transgenic Soybean Resistant to Disease and Pest[J]. SOYBEAN SCIENCE, 2011, 30(5):865 − 873.

[16] Li X Z, Zhang Q, Zhao S J, et al. Current Situation of Soybean Production and Breeding Progress in the United States of America[J], SOYBEAN SCIENCE, 2011, 30(4):865 − 873.

撰稿人：韩天富　周新安　刘丽君　王源超　胡国华　何秀荣

薯类作物科技发展研究

　　薯类作物又称根茎类作物,主要包括甘薯、马铃薯、山药、芋类等。其中甘薯和马铃薯都是我国主要粮食作物之一,是宜粮、宜菜、宜饲和宜作工业原料的粮食作物,近两年的科技研发能力和水平发展较快,部分领域已居世界领先水平,并正在逐步缩小与其他作物之间的差距。

一、薯类作物最新研究进展

(一)马铃薯最新研究进展

　　2010—2011 年是马铃薯产业发展较快的时期,在各级财力的支持下,马铃薯科学研究和技术发展取得显著进展。新品种选育开始转型,专用品种增加;因地制宜的栽培技术得以普及;种薯生产技术得到改进;小型农机具不断改进、种类增多;贮藏技术迅速发展;马铃薯生物技术以及主要病害的防治技术应用更加广泛。值得注意的是对于淀粉加工的废弃物处理技术以及鲜薯的分级上市技术更是取得了突破。产业经济也开始在业内活跃起来。

　　1. 资源创新与遗传育种

　　注重遗传资源的创新与改良是近两年马铃薯育种的热点。这两年鉴定出高抗旱材料4 份;确定候选基因的引物 07 - F08 - P1 - 564 与马铃薯晚疫病水平抗性紧密相关;定位了可用于晚疫病抗性标记辅助选择的 GP94 标记;获得 Desiree、Shepody 抗晚疫病基因R1 转基因马铃薯,获得转 hrap 基因抗晚疫病马铃薯植株,诱导出甘农薯 2 号和青薯 2 号耐盐变异体;明确了锰素吸收、积累和分配在不同马铃薯品种间存在一定差异;完成了马铃薯块茎组织特异性启动子 GBSS 的克隆及序列分析,马铃薯抗菌肽 SN1 基因的克隆、原核表达及其抑菌活性。

　　2010 年审定品种 23 个,2011 年审定品种 21 个。

　　2. 高效栽培技术研究与推广

　　随着马铃薯比较效益的逐步提高,在我国许多地区马铃薯已经成为农民增加收入的主要作物,因此在高产增效的栽培技术方面出现了许多创新,主要表现为:多层覆盖的保护地栽培、全程机械化生产作业、灌溉技术得到进一步的推广、肥水一体化技术的应用、秋季栽培技术研究、间作套种栽培、秋延迟栽培技术、冬作马铃薯发展迅速。

　　3. 病虫草害防治技术

　　利用马铃薯晚疫病菌全基因组测序结果,结合计算机技术和生物信息学的方法,对马铃薯晚疫病菌的蛋白进行分析,为明确该病原菌与寄主互作的分子机制奠定基础;克隆了2 个抗病基因;定位了与马铃薯对晚疫病水平抗性密切相关的抗性基因,可作为遗传连锁图谱构建的桥梁,同时也为筛选重要抗性候选基因奠定了基础;评价了24份马铃薯品种和60份资源对晚疫病的抗病性水平;筛选出了9种对晚疫病具有诱抗作用的激发子;加强了预测预报研究工作,强化了以药剂为主的马铃薯晚疫病综合防控技术研究和玉米套种的生态防控技术。在病毒病研究方面主要集中在三方面:①马铃薯病毒病的分子检测技术的开发;②马铃薯的脱毒技术研发;③病毒病的防控技术。

在病虫草害方面也进行了一些调查工作,如池吉平(2010)对晋西北主要马铃薯病虫害作了初步的种类调查,其中病害主要有晚疫病、环腐病和病毒病等,虫害主要有二十八星瓢虫、蛴螬、蚜虫等,同时,在此基础上提出了有效的防治措施。张晓霞等(2010)介绍了甘肃陇中马铃薯主要病虫草害种类,并提出选用抗性品种、选用健康种薯、选择无病(无污染)、适宜马铃薯生长的土壤、采用合理的耕作栽培措施、适时适量施用化学药剂、适时收获、安全贮藏等综合防治措施。赵多等(2010)通过多年的试验研究和实践探索,掌握了天水市马铃薯晚疫病、环腐病等重大病害的发生、流行及危害情况,总结出了推广运用抗病良种、严格精选种薯、选用无病小种薯整薯播种、改进栽培方式等农业措施和化学防治相结合的一套较为规范的马铃薯重大病害综合防治技术。

4. 种薯生产技术

随着马铃薯产业持续稳定发展,优质种薯在增产方面的作用得到产区的广泛认可。尤其是快速发展的南方冬作区,种薯质量已成为马铃薯种植业发展迫切需要解决的关键问题。国家马铃薯原种生产补贴政策的出台,使各地对种薯质量的关注进一步增加。因此,国内近两年种薯生产技术的研发重点主要集中在提高种薯质量方面。

在云南、四川、内蒙古、宁夏、黑龙江、河北、辽宁等省(区)先后制定了马铃薯种薯的地方标准之后,湖北省2011年也审定通过了《马铃薯种薯》和《马铃薯种薯繁育规程》两个地方标准。这些地方标准是对现有国家标准和行业标准的完善与延伸,更结合当地实际,操作性更强,对规范种薯生产、强化质量管理与监督、净化种薯市场、保障农民效益正在或将发挥重要作用。

国内一些研究单位通过研究核心高效生产技术,通过提高基础种源数量,降低生产成本,减少田间繁殖代数,缩短繁种周期,从技术上减少种薯再退化几率,并适宜当地条件的高效生产技术研究,促进了降本增效。

5. 农田机械化生产取得进展

我国马铃薯生产中机械化程度发展迅速,不仅仅是适宜北方大面积生产的田间配套机械,适合南方小地块使用的小型农机具也有了显著的发展,主要表现在:种植机械技术、植保机械技术、灌溉机械技术、收获机械技术。

6. 储藏技术

(1)贮藏设施

国家于2011年1月10日发布了最新的《马铃薯通风贮藏指南》,给出了种用、食用或加工用薯的贮藏指南。马铃薯产业技术研发中心经过多年的探索,依据冷热空气对流原理,利用秋季春季自然冷源通风蓄冷,提出薯堆上下通风换气,设计出集马铃薯采后预处理、抑芽剂和防腐剂的使用及通风控温控湿为一体的综合性规范化农户贮藏设施建造技

术。牛乐华等人进行了山体库和恒温库贮藏比较试验,表明山体库与恒温库在 3℃ 条件下贮藏的马铃薯各项指标变化趋势一致,符合马铃薯种子和商品薯贮藏标准,适合在冷凉地区推广山体库。

(2)马铃薯采后病理

我国近年来研究较多的有晚疫病、早疫病、病毒病、环腐病、干腐病、疮痂病等。石立航、胡俊等人在华北地区七个县市进行的马铃薯贮藏期病害的调查表明,贮藏期马铃薯有 4 种真菌病害和 3 种细菌病害,分别为:干腐病、黑痣病、晚疫病、早疫病、环腐病、软腐病、疮痂病。孙小娟、李永才等人对甘肃、青海马铃薯的主要品种陇薯 3 号、陇薯 5 号、陇薯 6 号、渭薯 8 号、夏波蒂、大西洋进行调查,表明贮藏期间发生的主要病害有 2 种:干腐病和晚疫病。目前进行的采后防治主要有物理方法、化学药剂、诱抗剂等。

(3)休眠调控

田世龙等研发具有自主知识产权的马铃薯抑芽粉剂和乳油两种剂型,在常温和低温下都能够有效地抑制马铃薯发芽,系统研究了氯苯胺灵类抑芽剂在薯块、环境中残留动态。葛霞等提出主客体比为 2∶1 的氯苯胺灵/β-环糊精(CIPC/β-CD)包合物,通过 β-CD 对 CIPC 的包合,提高了 CIPC 的水溶性、热稳定性和溶出度,提供了一种 CIPC 新剂型。

张文瑛等采用不同浓度的外源 NO 熏蒸马铃薯薯块,结果表明:一定浓度范围内(0.2~0.5 μmol/L)NO 熏蒸处理有利于块茎保鲜贮藏,而高浓度(0.8 μmol/L 和 1.0 μmol/L)NO 处理不利于块茎的贮藏保鲜。朱先波,任小林等在常温、常压下对马铃薯进行 NO 熏蒸处理,结果显示,NO 处理可以改善马铃薯的贮藏品质。马铃薯光照会产生有毒物质龙葵素。李梅等研究不同颜色包装袋包装马铃薯对马铃薯绿化及龙葵素含量变化的影响,对净薯包装材料及颜色选择提供了理论依据。

(4)鲜切保鲜

在国内研制复配保鲜剂,能明显抑制半熟化马铃薯丝的呼吸强度,减少失水率,延缓维生素 C 和还原糖含量的下降,可使马铃薯丝的保鲜期达到 30 d 以上,并保持其正常的食用品质。

(5)田间栽培技术与马铃薯贮藏

国内报道用甲基磺酸乙酯(EMS)诱变处理,进行马铃薯耐盐性研究;氮、磷、钾肥含量对马铃薯产量的影响;在陇中高寒阴湿区研究大中微量元素配施对马铃薯陇薯 5 号 NPK 吸收规律的影响;应用马铃薯晚疫病预测预报模型,对马铃薯晚疫病发生进行预测,可及时指导田间防治工作,以期为马铃薯晚疫病的预测预报提供参考;研究了生长期施加不同浓度的外源钙对马铃薯贮藏品质的影响。

7. 马铃薯加工

Ezekiel 等对马铃薯所含的酚类、黄酮类、胺类和类胡萝卜素等对人体健康有益的植物化学物质进行了综述,并总结了马铃薯品种、栽培、采收后贮藏、烹调及加工条件与这些植物化学物质含量的关联性。Tajner-Czopek 等研究了加工过程(去皮、烹饪和油炸)对马铃薯配糖生物碱(α-茄碱和 α-卡茄碱)含量的影响,发现去皮可降低 20% 配糖生物碱,烹饪不去皮的马铃薯可降低 8%,烹饪去皮的马铃薯可降低 39%。高温油炸对于降低配糖生物碱含量非常有效：炸薯片能降低 83%，法式炸薯条能降低 92%。

马铃薯淀粉厂废水回收天然活性蛋白方面，扩张床吸附和超滤是主要的分离方法，Stratkvern 等对扩张床吸附法和超滤法进行了比较，回收的蛋白能达到食品级（药品级）要求。在马铃薯分离蛋白方面，研究热点主要集中在界面性质和乳化稳定性。马铃薯蛋白可用作水包油型乳化剂，Romero 等研究了 pH 值对乳化体系稳定性的影响，发现碱性环境（pH8）比酸性环境（pH2）更稳定；比利时和荷兰的"马希尔斯"集团用加工废料废液生产沼气用于发电，沼气发电机排放的高温尾气生成高温水和水蒸气"回流"用于加工马铃薯，发酵罐里的废弃物脱水后成为有机肥料，制造有机肥的尾水经净化处理用于马铃薯加工；泰国报道了利用马铃薯片加工废水生产壳聚糖的技术。

中国科学院兰州化学物理研究所科研人员设计出新型物理/化学絮凝分离工业化回收装置对马铃薯淀粉废水蛋白提取回收，在马铃薯淀粉加工废水资源化利用和污染控制方面取得了较好的进展。不间断流抗扰动絮凝沉淀反向分离系统已获得国家三项发明专利（专利号：ZL200910022784.7，ZL200910022772.4，ZL200910022771.x），并合成了无毒高效絮凝剂。该装置系统可以从每吨马铃薯淀粉分离废水中提取粗蛋白 12～16kg，废水浊度去除率达 80% 以上，COD 去除率超过 50% 以上。处理后废水可以直接用于北方农田冬灌，或者是浓缩后作为"液体肥料"，清洁水回用或直接排放。实现了废水蛋白和废水的资源化、高值化利用，为淀粉企业新增了经济效益。

8. 马铃薯产业经济研究

产业经济研究是随着国家现代农业产业技术体系的建立而开展的，这两年，主要在以下三个方面开展了工作。

（1）马铃薯基础信息采集系统建设

建立省、县、户三级马铃薯经济信息员队伍，制定马铃薯经济数据采集技术方案，采集了一批反映马铃薯产加销等环节发展态势的一手数据。

（2）马铃薯市场波动规律计量模型构建

利用时间序列数据，采用 Census X12 方法的乘法模型，将马铃薯市场价格影响因素分解成长期趋势因素、季节因素、循环因素和不规则要素。测算结果表明：全国马铃薯市场价格从长期看呈现上升的趋势；马铃薯市场价格具有明显的季节波动性，每年 2—5 月为马铃薯市场价格的高峰期，7—12 月为低谷期。

（3）马铃薯生产投入要素分析模型研发

运用非参数的 Malmquist 指数方法，测算了 1998—2008 年间中国马铃薯生产的全要素生产率的变化趋势及其分解，发现马铃薯生产综合效率的提高主要是由规模效率的提高引起的，而不是来自于纯技术效率的改善。

（二）甘薯最新研究进展

甘薯具有独特的高产特性和广泛的适应性，其用途广泛，为加工业的发展提供了充足的原料。我国是世界上最大的甘薯生产国，常年种植 450 万公顷左右，鲜薯总产为 1.0 亿吨，近两年甘薯消费结构发生显著变化，作为主食用途已退出市场，饲料比例显著减少，鲜食、加工比例继续增加，种植效益显著提高。

1. 甘薯种质资源和遗传育种研究

利用 AFLP 标记技术,建立了我国 98 个甘薯主栽品种的 DNA 指纹图谱库。利用花粉粒 SEM 形态特征对甘薯及其近缘野生种共计 10 个种进行了孢粉学鉴定,其中有 6 个种是国际上首次报道。

2010—2011 年度共育成洛薯 10 号、徐薯 28、农大 6-2、商薯 7 号、冀薯 332、泉薯 9 号、川薯 217、鄂薯 9 号、浙薯 70、桂粉 2 号、桂薯 16、金山 208、榕薯 756、福薯 14、莆薯 14、浙薯 81、徐紫薯 3 号、万紫薯 56、浙紫薯 1 号、福菜薯 18、广菜薯 3 号、浙菜薯 726、阜徐薯 20、漯徐薯 9 号、郑红 22、烟薯 24 号、西成薯 007、广薯 42、龙薯 21 等 29 个甘薯专用新品种,并通过国家级鉴定。四川、福建、广东、山东、江苏等省也有部分甘薯新品种通过省级审(鉴)定。

2. 甘薯分子生物学研究有较大进展

中国农大构建了目前世界上密度最高的甘薯分子连锁图谱,该分子连锁图谱的标记数比目前世界上报道的甘薯分子连锁图谱多出约 1600 个,开发出 5 个与抗茎线虫病基因紧密连锁的实用分子标记,定位了 7 个甘薯干物质含量 QTLs。

3. 甘薯营养施肥和耕作栽培

近年来国内开始重视甘薯营养施肥的相关研究,多个科研单位先后从不同角度研究甘薯的需肥规律。甘薯对不同形态氮素的吸收与利用研究表明,甘薯施用铵态氮肥有利于高产和高效。施用钾肥试验表明,施钾不但可以提高甘薯功能叶的实际光化学效率和光合速率以及光合势,增加生物产量,还可以提高干物质在块根中的分配率;显著提高块根膨大速率和块根产量。

在机械化栽培方面,针对甘薯的起垄、中耕除草培土、切蔓、收获等机械进行配套完善,尤其是与大型拖拉机配套的起垄、中耕、切蔓、挖掘等机械的配套研发取得了一定进展。

甘薯栽培技术主要围绕品种进行配套技术研究,分别提出与"泰中 9 号"、"商薯 19"、"宁薯 10 号"、"鄂菜 1 号"、"渝紫 263"和"赣薯 2 号"等不同类型的甘薯品种相配套的高产栽培措施。

4. 甘薯产后加工

紫色甘薯产品的研发成为近年来加工利用方面的热点,据不完全统计,2010—2011 年共发表近 30 篇相关论文。

甘薯成都生物所选育到快速乙醇发酵酵母和运动发酵单胞菌,配合开发的快速乙醇发酵技术,发酵时间降低至 24 小时和 21 小时左右,乙醇浓度均可达 12%,发酵效率达 90%～94%。

中国农科院农产品加工所开展了甘薯淀粉加工集成技术及废弃物综合利用技术的研究,提出对现有淀粉加工工艺及技术的改进方案,使淀粉提取率从 86% 提高到 93%。

5. 甘薯病虫害防治研究取得较大进展

河南省农科院、徐州甘薯研究中心等进一步确立了我国甘薯病毒的种类鉴定,其中

SPCSV 为国内首次发现,SPVD 的存在为国内首次报道。河南省农科院建立了"SPVD 多重 RT－PCR 检测技术",并申报了国家发明专利。同时,他们还制备了效价和特异性均较理想的甘薯病毒 SPLV 单克隆抗体,建立了 SPLV ACP－ELISA 检测技术。

河北省农科院利用白僵菌、苏云金杆菌和化学药剂防治蛴螬,利用夜蛾斯氏线虫 JY－17群体、白僵菌 HFW－05 菌株、药剂筛选、性诱剂诱捕等防治甘薯小象甲研究取得一定进展。

广东省农科院和福建省农科院就甘薯蔓割病、薯瘟病展开合作研究,在两种病害的发生危害规律、抗性生理生化机制、防治技术等方面取得进展。

二、薯类作物国内外研究的比较分析

(一)马铃薯国内外研究的比较分析

1. 育种

世界上先进的马铃薯生产国家,例如荷兰、美国、加拿大等国家的育种均以市场需要为导向,应用遗传背景广泛的育种亲本材料,将常规育种与生物技术有机结合,建立了灵活的育种创新体系,选育出适应不同用途需要的专用新品种,其中 45％～50％ 的育成品种为鲜食型品种,其余大部分为加工型品种,较好地满足了市场的需求。

由于我国人口压力大,粮食供需矛盾突出,马铃薯育种和生产的重点在于提高块茎产量水平,造成块茎品质不能完全满足加工业,导致结构性供需矛盾十分突出,据统计,我国马铃薯主要采用常规育种技术选育而成,90％以上亲本材料具有普通栽培种血缘,已育成近 340 个马铃薯品种,其中87％以上为鲜食型品种,与先进国家相比,我国现有大部分马铃薯品种主要表现为抗多种病害能力差、干物质(淀粉)含量低、还原糖含量高、芽眼深等缺点。

2. 栽培

因为生产方式的差异,栽培技术是难以有可比性的。国外主要的马铃薯生产国都是规模化的机械化生产。即便是欧洲的农户规模相对小,但也是全程机械化生产作业,而我国马铃薯生产的机械化水平尚不足 30％。许多地区仅仅是某一生产环节采用了机械作业,而生产的主体还是以人力为主。然而,就其小规模的保护地栽培、冬作区的稻草覆盖栽培、西南区的间套作栽培等劳动密集型的技术,国外几乎没有。

在水肥使用上,尚无科学的指导措施。在鲜薯价格较高、效益好的地区,农民是尽其所能的使用大量的化肥(高达 200kg/亩),以及大水漫灌,测土配方施肥或马铃薯专用肥的应用尚处于起步阶段。

(二)甘薯国内外研究比较分析

1. 国内外甘薯研究现状、动态和趋势

建立较为完善的一库两圃(试管苗库、大田圃和温室圃)的甘薯资源保存体系,世界资源保有量超过 1 万份,其中我国保有量超过 1300 份。利用体细胞融合、激素处理、诱变技

术、转基因技术等,创新种间杂种和耐逆性增强的新种质,分析资源的遗传差异、初步构建核心亲本和资源的分子指纹图谱等。

研究甘薯重要性状的遗传趋势,育成大量甘薯新品种,包括淀粉型、食用型、菜用型、色素提取型等,初步实现了育成品种的多元化和专用化,发达国家和新兴国家更注重优质食用品种的选育。

注重与甘薯逆性(抗病、耐盐、耐旱等)有关的基因克隆和重要基因的表达调控分析;开发与甘薯抗病或品质性状有关的分子标记并初步辅助常规育种;甘薯转基因技术初步实现了实用化;甘薯遗传图谱进一步丰富和完善。

注重不同耕作制度下的平衡增产和高产栽培生理机制、需肥规律和调控技术研究,贮藏期甘薯生理指标活性变化、甘薯轻简栽培和机械化辅助栽培技术研究;栽培技术与栽培生理研究将逐渐得到加强。

2. 国内外甘薯研究的比较分析

我国甘薯资源保有量低,优异资源少,资源鉴定评价手段落后,停留在表观性状研究,生理生化研究少,基因水平研究还处于初级阶段。资源为育种服务水平低,优异资源创新数量少,创新材料为育种直接利用程度低。

我国甘薯育成品种产量高,但品质与发达国家比还有较大差距。品种专用化程度还不够,缺乏专用型品种的细化鉴定指标。育种单位多而分散,还停留在传统的经验性育种,缺乏重要性状遗传规律来指导育种。尽管甘薯遗传转化、分子标记辅助、体细胞杂交、细胞诱变等技术研究在世界上处于竞争地位,但这些技术还难以直接用于辅助育种。新种质创新、目标基因克隆、专用型品种选育配套技术与日本、美国等发达国家或地区还有明显的差距。

我国甘薯栽培技术粗放,水肥管理盲目,甘薯施肥技术、抗逆高产栽培技术缺乏,标准化、机械化栽培技术简单,栽培生理研究缺乏,与日本、美国还有较大的差距。

3. 战略需要和研究方向

扩大资源保有量,丰富甘薯遗传基础,真正做到品种专用化,来保障国家粮食安全和能源安全。注重资源的鉴定和创新、更要加强创新资源的利用;强调品种的专用性,制定专用型品种的选择指标;创新育种手段和方法,真正实现分子标记辅助和转基因育种技术实用化;注重轻简栽培技术和标准化、机械化栽培技术的研发与集成,研究高产优质栽培机理,提高水肥利用效率。

三、发展趋势及展望

(一)马铃薯发展趋势及展望

随着科技的发展,马铃薯的新用途不断地被发掘和开发,对品种的要求亦越来越呈专用化和多样化,从20世纪的单一鲜食消费方式逐步向鲜食、淀粉加工、食品加工等多样化消费方式快速发展。并且用于淀粉加工和食品加工的消费马铃薯比例会逐渐增加。为满足马铃薯消费多样化的需求,应加强淀粉加工、食品加工品种的选育研究。

探索适宜的自然条件,开发实用的种薯生产技术,创建种薯周年供应的体系将成为今后我国马铃薯产业发展的关键技术之一。

干旱缺水已成为全球性制约马铃薯产业发展的主要因素,因此,研发和推广抗旱节水轻简化栽培技术,对提高马铃薯产量、效益和资源利用率至关重要。2012—2020年间,通过各方努力,中国马铃薯产区总面积的45%～65%能普及推广滴灌微喷灌、水肥一体化、沟垄覆膜种植、集雨补灌、化控物质调控抗旱及其他抗旱节水栽培技术,使灌区马铃薯大面积平均亩产超过3.5吨,水分利用效率提高15%～25%;旱区马铃薯平均亩产超过2.5吨,水分利用效率提高10%～20%;在品质上保证淀粉含量和蛋白质含量不降低。

我国马铃薯施肥存在着两个极端,一是高效益产区,施肥量过大,污染水源和土壤;二是北方主产区因鲜薯价格低,考虑到比较效益,施肥量较低,严重制约了马铃薯产量潜力的发挥。为了高产区农业生态环境的可持续发展,探索高效益区的合理施肥将是今后关注的热点问题。这涉及肥料的配方、施肥方式、施肥与灌溉的配合等技术问题。

随着马铃薯生产技术的提高,随着人民生活水平的改善和健康意识的增强,综合运用现代马铃薯科技成果,以土壤测试和肥料田间试验为基础,根据土壤供肥性能、马铃薯需肥规律与肥料效应,综合考虑氮磷钾的适宜用量及其比例的测土配方施肥技术会更加深入开展。

广泛开展肥效田间试验,逐步摸清马铃薯需肥规律、土壤供肥性能和肥料效应,实时监测植株养分状况,建立不同区域、不同土壤条件、不同品种、不同用途、不同灌溉条件、不同栽培方式的马铃薯施肥指标体系,是马铃薯合理施肥,保护生态环境的主要研究方向。

到2020年,随着科技交流不断加强,新型保温材料的发展和应用,冷链物流产业的发展,电子信息技术和物联网技术的应用,马铃薯贮藏设施技术将随着我国马铃薯种植结构变化,大型和特大型、搬运更便利、控制系统精准化和远程化的现代马铃薯贮藏库将不断涌现。自然降温贮藏库建造将更加规范合理。通过马铃薯采后病理研究、病害防治技术、马铃薯种植水肥条件与其耐贮性研究、马铃薯贮藏物理调控技术、马铃薯贮藏休眠调控技术等系统研究,并集成总结,将应用于马铃薯贮藏生产中,马铃薯贮藏更加规范和标准。中小型马铃薯分级、筛选、包装、运输设备和设施广泛应用。

进一步发展马铃薯加工产业向多元化方向发展,马铃薯加工业将从以马铃薯淀粉加工为绝对优势的加工结构逐步向多品种、主食化方向发展。国际马铃薯四大主流加工产品薯条、薯片、全粉和淀粉将在主食化、休闲食品和工业原料等方向以及与中国传统食品相结合加工的马铃薯产品是马铃薯的主要开发途径。

进一步提高马铃薯加工机械设计及加工技术,向多品种、高效率、低能耗、低污染方向发展,马铃薯加工副产物的高值化利用与污染控制技术得到重大突破。

(二)甘薯发展趋势及展望

我国甘薯种质资源保存量年递增6%,期末达到2400份左右;建立种质资源分子评价技术体系和DNA指纹图谱数据库,构建动态的核心亲本库;建立优异基因挖掘和创新技术平台,创制遗传材料,创新亲本直接为育种广泛利用。

初步解决甘薯分子育种技术的瓶颈,将分子标记聚合和设计育种、细胞工程、转基因技术与常规育种结合,做到分子标记实用化,基因转移无障碍,建立转基因、分子标记聚合与设计辅助实用育种技术体系。

专用型品种产量水平提高 10% 以上,干物率提高 5 个百分点,品质得到明显改进,综合性状优良;开始甘薯功能基因组学、蛋白组学研究,使重要基因功能得到验证,完成甘薯部分染色体的基因组测序。

研究甘薯品种的植物营养特性、需肥规律,做到配方施肥,完成缺素诊断技术,建立甘薯看苗施肥技术体系;研究甘薯高产栽培生理生态指标及需肥需水规律,完成平衡增产技术模式和标准化栽培技术;初步建立甘薯生长和生态环境信息数字化采集技术,精准作业和管理技术体系;生产上使甘薯单产水平提高 15% 以上。

参考文献

[1] 黄振霖,张国臣,杨水英,等. 重庆马铃薯晚疫病菌群体遗传结构研究[J]. 西南大学学报(自然科学版),2010,32(06):17 − 22.

[2] 孙海宏,叶广继,王芳,等. 引自国际马铃薯中心的品种资源在青海对晚疫病的田间抗性鉴定[J]. 西北农业学报,2010,19(01):68 − 70.

[3] 娜仁,张笑宇,张之为,等. 马铃薯不同品种(系)对晚疫病抗性鉴定[J]. 作物杂志,2010(04):59 − 61.

[4] 蒋继志,孙琳琳,郭会婧,等. 几种微生物提取物诱导马铃薯抗晚疫病及机理的初步研究[J]. 植物病理学报,2010,40(02):173 − 179.

[5] 白建明,陈晓玲,卢新雄,等. 超低温保存法去除马铃薯 X 病毒和马铃薯纺锤块茎类病毒[J]. 分子植物育种,2010,8(03):605 − 611.

[6] 赵多长. 加强重大病害综合防治促进马铃薯产业发展[J]. 中国马铃薯,2010,24(03):190 − 191.

[7] 周晓罡,侯思名,陈铎文,等. 马铃薯晚疫病菌全基因组分泌蛋白的初步分析[J]. 遗传,2011,33(7):785 − 793.

[8] Hu L,Li Q,Wang X,et al. Genetic diversity analysis of landraces and improved cultivars in sweetpotato[J]. Jiangsu Journal of Agricultural Sciences,2010,26(5):925 − 935.

[9] Li A X,Liu Q C,Wang Q M,et al. Establishment of Molecular Linkage Maps Using SRAP Markers in Sweet potato[J]. Acta Agronomica Sinica,2010,36(8):1286 − 1295.

[10] Cao Q H,Zhang A,Li Q,et al. Pollen Morphology of 10 Species of Ipomoea by Scanning Electron Microscope (SEM)[J]. Acta Botanica Boreali − Occidentalta Sinica,2010,30(3):530 − 534.

[11] Hou F Y,Wang Q M,Dong Sh X,et al. Accumulation and gene expression of anthocyanin in storage roots of purple − freshed sweetpotato [Ipomoea batatas (L.) Lam] under weak light conditions[J]. Agricultural Sciences in China,2010,9(11):1588 − 1593.

[12] Cui L,Liu Ch Q,Li D J. Changes in Volatile Compounds of Sweet Potato Tips During Fermentation[J]. Agricultural Sciences in China,2010,9 (11):1689 − 1695.

撰稿人:王凤义　曹清河　王培伦　李　强　马代夫

油料作物科技发展研究

　　油料作物是食用植物油和蛋白质的重要来源,也是重要的工业原料。我国是世界油料生产大国,主要油料作物包括油菜、花生、大豆、芝麻、向日葵、蓖麻、胡麻等,其中油菜、大豆、花生三大作物占油料作物种植面积的 91.3%,占总产的 93.2%,是我国油料生产的主体。目前,全国主要油料作物种植面积约 3.4 亿亩,占农作物种植面积的约 14.4%,油料种植业和初级加工业产值约 5800 多亿元,惠及 4 亿农村及城镇人口的就业与增收,三项指标均仅次于三大谷类粮食作物,在农业生产和国民经济发展中占有重要地位。

　　我国是世界油料生产和消费大国,三大油料作物在全球油料生产中占有举足轻重的地位,其中油菜面积、产量均居世界第一;花生产量、单产均居世界第一;大豆产量居世界第四,面积居世界第五。但是,我国油料供给长期处于短缺状态。近几年来,我国粮食实现了持续增产,自给率进一步提高,且出口总体大于进口。相比之下,植物油却一直过度依赖进口,依存度高达 60% 以上,而且外资逐步控制了国内油料产业,弱化了政府调控能力,油料产业面临着极为严峻的考验。在全球石油安全、粮食安全压力居高不下的市场环境下,食用油安全又成为一个事关国家战略的新课题,油料需求的刚性增长与油料(或食用油脂)总产增长缓慢之间的矛盾日益突出。因此,提高油料生产能力和增加有效供给,是我国当前和今后发展农业生产和保障食物安全的重要任务。

　　在耕地持续减少、水资源日益短缺、生态环境不断恶化、自然灾害发生频繁的背景下,我国发展油料作物生产的任务十分艰巨,除油菜可以通过利用冬闲田扩大一定的面积外,其他夏季作物扩大种植面积的潜力非常有限,因此发展油料生产的根本出路是依靠科技进步大幅度来提高单位面积产量和含油量。近年来,油料作物科学研究作为增加油料生产和保障供给的核心措施,取得了良好进展。本文概述了近年来我国油料科技工作的主要进展(由于大豆有另文叙述,本文未包括大豆)。

一、油料作物最新研究进展

(一)油菜最新研究进展

1. 油菜育种

　　2010 年共有 16 个油菜新品种通过国家审定,59 个通过省级审定,其中秦杂油 4 号是第一个含油量超过 50% 的油菜新品种。中双 11 号等机械化专用品种大面积示范成功,2010 年 5 月在上海举办的油菜全程机械化生产现场会上,中双 11 号实测亩产 303kg,机收菜籽损失率 4.11%。育成了杂 1613 等一批早熟新品种,初步建立了配套的冬闲田开发利用技术。我国领衔的白菜全基因组测序计划顺利完成,相关论文已经投送 *Science* 杂志,同时甘蓝、甘蓝型油菜完成了全基因组测序。分离出了与油菜含油量、脂肪酸含量、细胞核雄性不育相关的基因,获得了一批高含油量、抗逆等转基因品系。

2．油菜栽培

近年来,我国在油菜栽培方面研究了油菜直播、迟播高产稳产栽培技术,提出以密补迟、以肥补迟和化控化调为核心内容的综合栽培技术措施。结合长江流域油菜种植区土壤肥力现状和丰缺指标,提出了区域养分综合管理技术,建立油菜主要缺素症状图谱。成功研制出油菜包膜控释肥,获得国家发明专利。明确了适合机械化生产品种的适收期。

3．油菜机械化生产

油菜专用播种机、联合收获机和分段收获机进入批量化生产和推广应用阶段。油菜精量联合直播机一次完成灭茬、旋耕、施肥、播种、开畦沟等工序。联合收割机的割台、输送、脱粒清选部件等装置进行了重大改进。分段收获的割晒机、捡拾脱粒机的样机研制成功。

4．油菜病害防控

加强了对油菜黑胫病和根肿病的研究,发掘出了抗性材料。建立了规模化生产盾壳霉(菌核病生防真菌)的技术体系,年生产能力达到 500 吨以上。克隆得到 2 个显著提高油菜抗性的基因和 2 个与核盘菌致病相关基因。筛选出高效低毒的油菜田用除草剂和杀虫剂。

（二）花生最新研究进展

1．花生育种

2010 年以来全国审(鉴)定花生新品种 29 个,其中通过国家鉴定的新品种 8 个,省级审定花生新品种 9 个,省级鉴(认)定新品种 12 个。其中锦花 11 号、12 号为早熟珍珠豆型高蛋白品种,适合东北地区种植;天府 23 为早熟中间型品种,适合长江流域上游花生产区种植;花育 33、花育 38、濮花 9519、郑农花 9 号为普通型大果品种,适合黄淮花生产区春播种植,花育 34、花育 37、漯花 4 号、豫花 9847、豫花 9830 为普通型早熟小果品种,适合黄淮花生产区麦套或夏播种植;中花 16 为珍珠豆型早熟品种,适合长江流域花生产区春播和夏播种植;粤油 45 为珍珠豆型早熟抗青枯病品种,适合南方和长江流域青枯病区种植。首次创制出了兼抗青枯病、烂果病、收获前黄曲霉毒素污染的花生种质,鉴定出了含油量稳定在 58% 以上高油种质,培育出了含油量超过 55% 且油酸含量超过 70% 的高油高油酸品系。开展了花生对黄曲霉、青枯病等抗性的分子和生理机制研究,发现黄曲霉抗性与花生组织中的白藜芦醇含量有关,花生青枯病抗性与乙烯(ET)及茉莉酸(JA)信号转导相关,与水杨酸(SA)途径无关。花生转录组学研究取得良好进展。定位了 4 个与青枯病抗性相关的 QTL,最大贡献率为 16.56%。以中国花生核心种质为材料,通过关联分析获得了与高含油量、青枯病抗性相关的标记位点 6 个。明确了花生高油酸性状是基因组中两个 fad2 拷贝共同突变所致。

2．花生栽培

在更新花生品种的同时,研究集成了花生单粒精播高产栽培技术、丘陵旱地花生优质高产栽培技术、鲜食花生高产栽培技术、林果地间作花生的配套栽培技术、东北区早熟高产花生栽培技术、花生覆膜机械化栽培技术等。

3. 花生机械化

在花生产区广泛调研花生机械化收获与种植技术及应用情况的基础上,提出了花生田间机械化生产技术路线。研制成功4HLB-2型挖拔组合半喂入式花生联合收获机,并在花生产地进行了大面积适应性和可靠性试验。一批花生覆膜播种机、播种施肥一体机、花生铲挖机、剥壳机、荚果和种子清选机正在研制或进行性能改进。这些机械设备的应用将在未来几年内较大地提高花生生产的机械化水平、生产效率、种植效益。

4. 花生病虫草害防治技术

建立了收获前黄曲霉毒素污染抗性的筛选技术,获得了具有收获前抗性的花生品系,建立了毒素快速检测技术和HPLC-MS超灵敏确证检测技术,构建了污染灾害预报预警技术,为降低毒素污染风险奠定了基础。针对近年来花生疮痂病、烂果病迅速加重的情况,通过试验建立了疮痂病的化学防治技术,筛选出了抗烂果的花生品种。花生蛴螬防治技术研究和应用取得明显成效。

(三)芝麻最新研究进展

1. 芝麻育种

通过品种间杂交、理化诱变等方法,2010年选育出9个适于不同种植区域的芝麻新品种及杂交种,其中1个通过国家鉴定,8个通过省级鉴定。这些品种的增产幅度3.63%～23.40%,含油量50.50%～59.30%,蛋白质含量18.50%～20.60%,抗病抗逆性明显增强。系统开展了芝麻核雄性不育、有限习性、闭蒴、粒色等性状遗传、抗枯萎病和茎点枯病遗传研究。在育种技术方面,建立了芝麻外植体愈伤组织植株再生技术体系,开展了芝麻农杆菌介导、基因枪导入等基因转化技术研究。在种质创新和新品种选育方面,通过远缘杂交、理化诱变等途径创制出特异株型、叶型、蒴型、粒型、雄性不育等15个变异种类共209份变异材料,其中隐性突变不育材料36份、闭蒴材料5份、早熟材料3份、高木酚素材料1份。

2. 芝麻栽培

开展了芝麻生长发育、高产群体结构、光合特性、籽粒灌浆规律等研究,提出了芝麻高产主攻方向,不同产量水平下理想的群体结构及产量潜力。明确了不同主产区在一般肥水条件下的最适播期和最佳密度。确定了不同主产区不同土壤类型芝麻最佳施肥模式、施肥量和施用方法。确定了芝麻与甘薯、花生、大豆最佳间套种植模式,归纳出黄淮产区麦茬免耕直播、江淮产区油菜茬双保险播种、华南秋芝麻高密度种植等3套轻简化实用种植技术体系。

3. 芝麻病虫草害防治技术

明确了芝麻主要病虫害和渍害的发生规律,初步建立了芝麻病虫渍害早期预警系统,完善了芝麻病虫渍草害综合防控技术。建立了病原菌分子鉴定和致病性测定技术,构建了尖孢镰刀菌突变体库,开展了抗枯萎病和茎点枯病遗传、抗性基因分子标记筛选研究。

建立了芝麻发芽期耐渍性鉴定与评价技术体系,建立了以"深沟窄厢"种植方式和"起垄双行"种植方式为主的长江流域、江淮主产区芝麻渍害综合防控技术。

(四)向日葵最新研究进展

1. 向日葵育种

2010年育成并审定7个向日葵新品种,均比对照品种增产10%以上,并在生产上大面积推广应用,取得了显著效益。向日葵长期以来依靠进口种子进行生产的局面有所转变,降低了生产成本,提高了农民经济收入。其中白葵杂12号黄萎病病情指数14.29,为1级,属于高抗类型,对控制黄萎病具有良好作用。

2. 向日葵栽培

研究并推广了杂交向日葵地膜覆盖栽培、向日葵螟综合防治、增施钾肥、"赤葵杂三号"栽培等4套轻简化实用技术。防治向日葵螟取得突破,内蒙古巴彦淖尔市近年来向日葵螟大面积爆发,采取性引诱剂、赤眼蜂、性引诱剂+赤眼蜂、Bt可湿性粉剂、调节播期等综合技术,防治效果达87.9%,挽回经济损失近2亿元,为巴彦淖尔市向日葵产业提供了有力的技术支撑。在东部区也开展了大面积防治,取得了显著的防治效果。

3. 向日葵病虫草害防治技术

向日葵抗菌核病转基因工作取得良好进展,通过基因重组技术成功构建了葡萄糖氧化酶(GOD)基因植物表达双元载体,通过农杆菌介导法进行了葡萄糖氧化酶基因转化向日葵的研究,获得了PCR-Southern杂交检测阳性的抗性芽,为向日葵基因工程育种研究奠定了基础。

(五)胡麻最新研究进展

1. 胡麻育种

近年来育种单位选育出了一批集高抗枯萎病、丰产、优质于一体的胡麻新品种,这批品种产量水平进一步提高,含油率大部分达40%以上,已实现新一次的品种更新换代。2010年胡麻两系杂交种选育方面取得突破,选育成功世界首例胡麻杂交新品种"陇亚杂1号",已经通过品种审定。2008—2009年两年区试亩产130.40kg,较对照陇亚8号增产10.27%,增产达极显著水平,居参试材料第一位,属油用型早熟品种。抗病性强,抗倒伏,稳产性、适应性和综合性状好。

2. 胡麻栽培

研究并推广了残膜免耕胡麻栽培技术,是在一年或两年地膜玉米的茬口点播胡麻的节本增效栽培技术。包括旱地全膜"一年覆膜两年使用"胡麻免耕栽培技术(简称一膜两用)和水地全膜"一年覆膜多年使用"胡麻栽培技术(简称一膜多用)。胡麻残膜免耕栽培技术适宜在干旱、半干旱大面积地膜覆盖栽培地区推广。其中,"一膜两用"技术主要适宜于在年降雨低于300 mm且无灌溉条件的旱作区推广;"一膜多用"技术适宜于在有一定灌溉条件或者降水量大于300 mm相对雨量较多的地区推广。

(六)蓖麻最新研究进展

我国栽培的蓖麻由印度传入,约有1400多年历史,长期以来为零星种植,蓖麻籽供入药、燃油及手工业所需。进入20世纪以来,由于航空工业需要不冻结的润滑油,才使蓖麻栽培具有了重要意义,蓖麻生产得到快速发展。由于蓖麻油结构的特异性,目前作为一种特殊的化工原料被广泛应用。随着世界石油资源的日渐紧缺,蓖麻油作为最重要的石油替代品将越来越受到人们的重视。

1. 品种资源及遗传育种

近年来,随着品种资源的不断创新和丰富,我国蓖麻杂交育种工作有了新的进展,山东淄博市农业科学研究院培育的蓖麻杂交种"淄蓖麻7号"2010年通过山东省农作物品种委员会审定,产量达5020.5kg/hm²,含油量51.99%。西北农林科技大学农学院与子长县合作选育的蓖麻杂交种"秦蓖2003"2008年通过陕西省农作物品种审定委员会审定。在紧凑型蓖麻新品种的培育方面,中北大学做了大量工作,培育的杂交种"中北3号"具有株型紧凑、早熟等特点。

目前,我国蓖麻杂交种在生产上的应用比例已经超过30%,杂交种的广泛应用将为提高蓖麻产量和含油量,推动蓖麻产业发展做出积极贡献。

2. 栽培生理及栽培技术

(1)矮化、密植、高产研究

山东淄博市农业科学研究院、中北大学对蓖麻的化学控制进行了多方面的研究,提出用多效唑、缩节胺、矮壮素等药物控制蓖麻的生长势,以防止营养生长过旺造成的营养生长与生殖生长失衡的矛盾,不仅省掉了因整枝所需的大量人工,而且达到了矮化、密植、高产的目的。

(2)蓖麻对水分胁迫下的生长适应性

2009年,辽宁省林业科学研究院通过在泥质海岸生态经济型防护林中配植蓖麻,结果表明,蓖麻在泥质的中、重盐碱地上生长良好,能够适应涝渍的泥质土壤,且其在高湿度条件下的茎生长势要强于低湿度条件下的生长势。说明某些蓖麻资源对水淹有一定的耐受性,在蓖麻抗涝资源方面的研究和利用有待进一步加强。

(3)盐碱胁迫下蓖麻的生长适应性

山东省东营市农业技术推广站针对滨海盐碱地地表易返盐现象,采取对土壤耕翻后进行灌水,水渗下后及时耙压保墒的灌水压碱方式保证了蓖麻良好生长。中国科学院(烟台)海岸带研究所与淄博市农业科学研究院联合组建了专项课题组,对环渤海海岸带盐碱滩涂的改良、耐盐作物育种栽培等方面进行了联合攻关。中国科学院(烟台)海岸带研究所研究了蓖麻在盐胁迫下的生理生化反应,淄博市农业科学研究院培育出抗盐碱品种——"淄蓖麻7号",在含盐量为0.4%~0.5%的土壤条件下,平均亩产258.6kg。连云港农业科学研究院2010年开展了利用蓖麻、棉花、大麦、向日葵等耐盐碱作物改良废弃盐田的试验,结果表明,"淄蓖麻7号"耐盐效果最优。

(4)机械化栽培研究

山东淄博市农业科学研究院、中北大学等单位对蓖麻的机械化栽培进行了多方面的研究,山西省农业科学研究院经济作物研究所与淄博市农业科学研究院2010年承担了农业部公益性行业(农业)科研专项——机械化栽培项目,目前,机械化播种、中耕、化学除草、施肥、脱壳等均实现了机械化,蓖麻的机械化收获技术也渐趋成熟,有望在近期内应用于生产。

3.加工业及加工技术的发展

近年来,我国蓖麻深加工发展速度较快,山东、内蒙古、河北、天津等地已建成蓖麻加工企业100余家,其中,年加工能力万吨以上的大型加工厂10余家。

随着石油、煤炭等枯竭性矿物能源开采成本的逐渐增高,国际碳减排要求逐步严格,蓖麻的能源化利用越来越受到人们的关注。蓖麻油甲酯化或乙酯化即为"生物柴油",可以大幅度降低汽车尾气的排放指标,是一种理想的清洁能源。目前用蓖麻油生产生物柴油技术日趋成熟,主要制约因素是蓖麻油的价格远远高于柴油的价格,因此,蓖麻油的能源化利用尚不能成为现实,只能作为储备项目。

二、油料作物最新重大科研成果

(一)高产优质多抗"丰花"系列花生新品种培育与推广应用

2010年获国家科技进步奖二等奖,主要完成单位为山东农业大学、中国农科院油料作物研究所,主要完成人:万勇善、刘风珍、廖伯寿等。

该项目探索克服早衰、提高花生品种产量及适应性的生理育种理论和方法,建立了利用花生交替(开花)亚种种质改良连续(开花)亚种主栽品种,亚种间杂交实现高产、多抗和优质聚合的高效育种体系,育成6个丰产性和综合抗性突出、优质专用花生新品种,成功解决了早衰问题,实现了产量、抗性、品质协同提高。高产多抗油食兼用型大花生品种丰花1号,区试增产达16.8%,创出亩产675.9kg的高产典型;高产出口食用型大花生品种丰花3号、小花生品种丰花2号和6号,区试增产分别达13.61%、13.4%、13.0%,其中丰花3号亩产652.02kg创出口大花生高产纪录,丰花6号亩产523kg创小花生高产纪录;高产多抗油用型大花生品种丰花5号、小花生丰花4号,区试分别增产9.43%和14.49%,创亩产662kg高油大花生和亩产504kg高油小花生高产纪录。6个品种在区试中三年平均产量均居各自试验组第一位,用途和适应性合理搭配,满足了不同生产条件和市场需求。研发集成了4套高产配套栽培技术和1套栽培管理计算机专家系统,创建了品种鉴别和种子纯度检测SSR分子标记技术。在北方花生主产区累计推广7000多万亩,其中山东省4000万亩,最大年时面积占山东省花生面积的二分之一。获植物新品种权1项,发表论文68篇。

(二)高产抗逆双低油菜新品种中双10号的选育及应用模式创新

2010年获湖北省科技进步奖一等奖,主要完成单位为中国农业科学院油料作物研究所、湖北省油菜办公室,主要完成人:邹崇顺、张学昆、田新初等。

该项目对中双10号的选育利用聚合杂交、轮回选择、分子和抗性鉴定等技术,实现了优质、高产稳产、高抗逆性等多种性状的重组和互补,是唯一在长江中游地区比杂交油菜对照品种增产的国审油菜常规新品种。2002—2004年度长江中游区试,亩产145.5kg,产油量增加5.57%,生产试验亩产165.1kg,增产4.35%;品质达到国际优质油菜双低标准;菌核病、抗倒伏、抗冻、抗旱、耐湿等抗性均达到高抗水平。研制并建立了配套高产栽培技术规程,在武穴进行的油—稻—稻连片高产示范最高亩产达到256kg,在宜城开展的油稻两季超高产示范最高亩产达到280kg;开发了油菜抗旱化学调控剂,可在干旱胁迫下显著提高油菜种子的活力80%以上。

创新推广应用模式,在全国范围内首次试点中双10号政府统一采购模式,对双低高产油菜新品种的大面积推广起到了积极的推动作用,提升了我国油菜的产量和品质水平。据不完全统计,中双10号在湖北、湖南、安徽、江西等油菜主产省累计推广面积2943万亩,创总产值177.2亿元。

(三)高产优质多抗向日葵新品种内葵杂3号和赤葵2号选育与配套技术

2010年获内蒙古自治区科技进步奖一等奖,主要完成单位为内蒙古自治区农牧业科学院、内蒙古赤峰市农牧业科学院,主要完成人:安玉麟、姚占廷、李素萍等。

该项目经过"八五"、"九五"、"十五"的研究积累,在向日葵新品种选育,资源材料创新,增产增效的综合配套栽培技术研究方面取得突破性进展,特别是育成的新品种居国际先进水平。选育出的油葵杂交种内葵杂3号和赤葵2号具有高产、抗病、抗逆、品质优良的特性。内葵杂3号结实率93%以上,籽仁率77%~79%,籽实含油率47%左右,亩产量260~300kg,比美国油葵G101增产10%,抗旱性强,抗倒伏,高抗锈病、抗褐斑病、黑斑病,耐菌核病,综合抗病性强,达到国际优质油葵杂交种的同类水平。

赤葵2号生育期125天,百粒重23克,商品籽粒长2.5cm的占80%以上,籽仁率51%,自然结实率70%,籽仁粗脂肪含量55.09%,粗蛋白含量26.42%,商品性好,平均亩产200kg以上,耐菌核病,中抗锈病。其商品性达到国内领先水平,该品种籽粒特别大且长,外皮色光亮,味香,其独特的商品性领先于国内其他品种,因此安徽省恰恰集团将其作为首选原料。研究提出了瓜类套种油葵科学合理的8种立体种植模式,亩收入都在千元以上,其中油葵的贡献率超过了40%,且保持了瓜类的品质不变,具有创新性,特别是8种立体种植模式,在国内是最新技术成果,且技术成熟,可操作性强,为农民增收提供了技术支撑。

项目实施期间累计推广油食葵新品种198.4万亩,总增产5310.71万kg,累计增效3.02亿元。共培训农民33.29万人次,项目区比非项目区每亩纯增收142.4元,项目技术成果的推广产生了显著的经济、社会和生态效益,对农民脱贫致富、产业结构调整和农村社会经济可持续发展都具有重要意义。

(四)高产稳产优质胡麻新品种陇亚10号选育及大面积推广应用

2010年获甘肃省科技进步奖一等奖,主持完成单位为甘肃省农业科学院作物所,主要完成人：党占海、张建平、佘新城等。

陇亚 10 号在产量、品质、抗性等方面表现突出，得到了国家科技部支撑计划、农业科技转化等项目支持。生育期 98～128 天，属中熟品种，适宜甘肃及我国广大胡麻主产区种植。含油率平均为 40.89%，较对照陇亚 8 号高 1.28 个百分点。高抗枯萎病，抗病鉴定结果，陇亚 10 号在病圃枯萎病平均发病率为 2.88%，较陇亚 8 号低 6.15 个百分点，比感病品种天亚 2 号低 75 个百分点。甘肃省区试中，平均亩产 128.12kg，较对照品种陇亚 8 号增产 4.62%，居参试品种第一位。国家区试中，平均亩产 138.53kg，较对照增产 10.57%，增产达到显著水平。生产试验中，普遍较当地主栽品种增产 10% 以上。

2007—2009 年在全国累计示范推广 354.57 万亩，新增产胡麻籽 4235.67 万 kg，新增产值 2.35 亿元，取得了巨大的社会和经济效益，为我国胡麻生产的发展做出了重大贡献。

三、油料作物国内外研究进展比较

(一)油料品种研究由种质资源竞争转向基因知识产权竞争

世界油料作物品种研究已经由品种资源竞争转向基因竞争，各国纷纷向功能基因克隆、基因功能研究投入大量研究力量，以期占领 21 世纪油料作物科学研究制高点，并利用转基因新品种显著提高产品国际竞争力。如美国、巴西、阿根廷均以种植转基因大豆为主，转基因品种的育成和推广，使大豆生产的除草问题得到有效解决，降低了生产成本，提高了竞争力。

2007 年我国从美国等大豆生产国进口 3200 万吨的转基因大豆，但自主的大豆转基因育种才刚起步，油菜、花生等其他油料作物转基因育种工作还没有得到有效开展。限制我国转基因油料新品种选育的关键因素，是缺乏具有自主知识产权的重要功能基因，急需加强重要优良基因的克隆和转化，建立有效的油料作物转基因育种技术体系。

国际上从事蓖麻育种研究并取得一定进展的国家有印度、巴西、美国、法国、日本等。我国的蓖麻杂交育种起步较晚，自 20 世纪 80 年代开始，中国农业科学院油料研究所、淄博市农业科学研究院、通辽市农业科学研究院、山西农业科学研究院经作所、云南农业科学研究院经作所、吉林省白城地区农科所、辽宁农业科学研究院品资所等单位在品种资源搜集、整理的基础上，开展了新品种选育工作。淄博市农业科学研究院是国内开展蓖麻杂交优势利用较早的单位之一，2002 年发现了"非温敏型"蓖麻雌性系，使蓖麻杂交制种的杂交率提高到 90% 以上，大面积栽培产量达 4500kg/hm² 以上，新疆高产栽培产量达 6750kg/hm² 左右，含油量达 50% 以上，比印度等国的蓖麻杂交种增产 50% 左右，综合种植表现已经远远超过了国外品种。

(二)油料生产技术向高度集约化和专业化方向发展

20 多年来，美国、加拿大、欧盟等油料生产大国实行种植分区、产业分带、质量分级、加工分类的集约化大生产方式,通过政府优惠政策的引导和专业协会的组织,大量的精准化的大功率耕播、植保、肥料和收获机械研制成功并普遍使用。油料作物生产机械化程度高,成本低,形成了若干个优质大豆、油菜、花生产业种植带,品种专用性强、品质优良,在世界范围内具有显著的规模优势、产量优势和价格优势,在国际贸易中有很强的竞争力。

近年来,我国油菜、花生、大豆等油料作物生产发展很快,并形成了长江流域的油菜、黄淮海地区的花生以及东北平原的大豆优势区,生产集中度逐年提高。我国的油料生产也开始向机械化生产方向发展,但由于缺乏适宜机械化生产的品种、技术和装备,基本还是处于人工为主的小农经济生产模式,品质不高、生产效率低、用工多、成本高,限制了生产规模的进一步扩大。通过机械化生产关键技术、装备、品种的研究,向集约化、规模化方向发展将成为今后的趋势。

全世界每年蓖麻种植面积约为 100 万～150 万 hm^2,年产蓖麻籽 110 万～120 万吨。主要生产国是印度、中国和巴西,三国的产量占世界总量的 80% 以上。法国、美国、英国、日本、荷兰等西方国家是蓖麻油的主要消耗国,其消耗量占世界总耗量的 65%,但这些国家基本上不生产蓖麻籽,而是直接进口蓖麻籽或蓖麻油。

目前,我国的栽培面积和年总产量均居世界第二位,常年播种蓖麻面积 20 万～30 万 hm^2,年产蓖麻籽 20 万～30 万吨左右,而全国每年蓖麻籽需求量为 40 万～60 万吨,缺口达一半以上,2009 年起我国已经成为世界最大的蓖麻籽和蓖麻油进口国。

(三)油料加工技术向多功能化和高科技化发展

进入 21 世纪以来,美国、日本等发达国家的食用植物油加工在食品酶工程、发酵工程、蛋白质工程、功能因子高效分离与高活性制备及分子修饰与质构重组等生物技术支撑下逐渐趋向于在技术集成和工程化中实现食用价值、保健价值和使用价值共生的局面,食用植物油加工制品向精细化、专用化、功能化方向发展,食用植物油加工向多元化、高品质、健康化方向发展已成为一种长期的趋势。

我国近年来加快了油料精深加工技术研究,小包装、多功能、系列化的油脂加工产品正逐步走向消费者的厨房和餐桌。但由于自主创新能力不足,综合利用程度低,产品质量标准及安全监控体系不健全等,制约了食用植物油加工产业的发展。通过加工关键技术、装备制造技术、质量控制技术的研发,我国食用植物油加工向集约化、规模化、高科技化方向发展将成为今后的趋势。

我国年产蓖麻油 10 万吨左右,由于没有充足的原料,只好从印度等国家大量进口蓖麻籽和蓖麻油。尽管面临日渐突出的供需矛盾,我国的蓖麻深加工仍然得到了长足的发展,癸二酸、十二羟基硬脂酸等重要产品一直居于世界领先地位。

从数量上看,我国的蓖麻油深加工能力已经跃居世界第一位,但是,作为蓖麻深加工的最高端产品"尼龙 11",世界上只有法国能够生产。山西中联泽农有限责任公司等单位一直在进行有关的研究工作并取得了突破性进展,已经初步完成了尼龙 11 树脂的合成工艺,并进入中试阶段,有望打破法国的垄断地位。

四、油料作物发展趋势及展望

(一)近10年发展目标和前景

按照《国家粮食安全中长期规划纲要(2008—2020年)》的部署和总体要求,以大宗油料作物(油菜、大豆、花生)为发展重点,大力加强"三高"(高油、高产、高效)新品种培育、高产高效栽培技术研究、实用农机装备研制和高效低耗加工技术等优先领域的重大关键技术研究,力争取得突破性进展;大力强化油料重大关键技术科技成果的集成与转化示范,推进科技成果尽快转化成现实生产力;加强创新平台基地建设和人才队伍建设,提高油料产业科技自主创新能力。

通过科技创新,力争到2020年,全国油料作物(油菜、大豆、花生、芝麻、胡麻、向日葵等)年种植面积达到4.18亿亩,单产达到164kg/亩,总产量达到6848万吨,分别比2009年增加4600万亩、35.6kg/亩、1827.57万吨,增幅分别达到13.4%、27.1%和39.3%;油用比例从58%提高到71%,平均出油率从30%提高到32%,年产油量达到1772万吨,占国内植物油总消费量的55%。使国产植物油总产量达到2132万吨,自给率达到67%左右(总消费量按照3200万吨计算)。

从蓖麻油深加工的发展趋势预测,2020年全球对蓖麻油的需求量将达150万吨,折合蓖麻籽300万~350万吨。随着蓖麻高产、高油杂交种的不断出现和石油危机的不断加剧,蓖麻油与石油的价格将逐步接轨,蓖麻油的用途将越来越广。不久的将来,蓖麻油有可能逐步替代石油而成为最重要的化工原料。那时,蓖麻油的需求量将会实现质的飞跃。蓖麻耐瘠薄、耐盐碱、适应性很强,常种植于山坡地、盐碱地乃至地头堰边,甚至在污染较严重的条件下也能正常生长。我国现有严重水土流失的耕地530万hm²,出现沙化的耕地260万hm²,受到"三废"污染的耕地600万hm²,还有盐碱地近3300万hm²,从而为发展蓖麻种植提供了广阔的土地资源。

(二)发展趋势预测

油料品种改良实现重大突破,"三高"(高油高产高效)品种全面普及推广,使我国植物油自给率达到70%。面对全球性气候变暖和灾害性气候发生频率的提高,品种的抗逆性全面提高;主要油料作物生产基本实现"五化"(机械化、轻简化、集成化、规模化、标准化),限制扩大利用南方冬闲田种植油菜的生产技术和品种实现突破;油料加工技术逐步成熟,食用植物油加工制品向精细化、专用化、功能化方向发展,食用植物油加工向多元化、高品质、健康化方向发展已成为一种长期的趋势。

(三)研究方向及重大项目建议

1. 油料作物高油、高产、高效、抗逆新品种选育

采取常规育种和分子育种相结合的综合措施,重点选育了一批满足不同生态地区和生产条件需要的新品种。

2. 油料作物高产、高效、生态安全栽培技术与模式研究及示范

通过高产技术与高油、自然资源、无公害生产管理相结合,在油菜机械种植和轻简化高效栽培技术、大豆"三良五精"高产栽培技术、花生麦油两熟高产栽培技术等方面实现突破,实现油料作物的高产、优质、高效、低耗生产。

3. 油料生产机械化装备研制

研究探索适应我国油料生产特点的收获机械、种植机械新原理和结构,研究开发适应能力强,作业性能好的油菜、大豆、花生联合作业机械,分段收获机械,耕种一体化的多功能复式作业机械技术体系和装备系统,提高机械化作业水平,降低生产成本。

4. 油料作物增产技术集成和示范

集成转化高产高油新品种、轻简化栽培、机械化生产等高产高效栽培技术和模式,扩大示范区,提高加工效率和水平,以技术集成带动技术创新,以转化示范带动大面积持续增产和产业持续发展,为保障食用植物油供给安全提供持久性的技术支撑。

参考文献

[1] 潘学清.食用油之危[J].中国经济周刊,2008(7):14-21.
[2] 王岩.食用油安全话题[J].农产品市场周刊,2007(36):47.
[3] 中国科学技术协会.2009-2010作物学学科发展报告[M].北京:中国科学技术出版社,2010.
[4] 农业部.农业部关于印发《全国优势农产品区域布局规划(2008—2015年)》的通知[J].中华人民共和国农业部公报,2008(09):4-22.
[5] 张红菊,赵怀勇.蓖麻对盐渍土的改良效果研究[J].中国水土保持,2010,7:43-44.
[6] 于雷,韩友志,等.泥质海岸防护林树种配置与优化模式[J].防护林科技,2009,1:4-6.
[7] 朱倩,郭志强,等.中国蓖麻产业现状与发展建议[J].现代农业科技,2009,16:15-19.
[8] 曾祥艳,王东雪,等.中国蓖麻良种选育研究现状及发展策略[J].广西热带农业,2010,6:27-29.
[9] 张研,乔金友.浅析我国蓖麻产业化发展前景[J].中国农学通报,2009,25(16):316-319.
[10] 姚远,李凤山,等.国内外蓖麻研究进展[J].内蒙古民族大学学报(自然科学版),2009,24(2):172-175.

撰稿人:王光明　廖伯寿　殷　艳　张海洋　安玉麟　党占海

粟类作物科技发展研究

粟类作物是小粒粮食或饲料作物的总称,除粟(谷子,*Setaria italica*)外,还包括珍珠粟(*Pennisetum americanum*)、糜子(*Panicum milliaceum*)、龙爪稷(*Eleusine coracana*)、食用稗(*Echinocloa frumentacea*)、小黍(*Panicum sumatrense*)、台夫(*Eragrostis tef*)、圆果雀稗(*Paspalum scrobiculatum*)、马唐(*Digitaria exilis*)、臂形草(*Brachiaria eruciformis*)、薏苡(*Coix lacroymajobi*)等。在我国种植的粟类主要是谷子和糜子等,主要分布于我国三北干旱地区。

近两年来,粟类作物学科在国家和省部重大项目支持下,在谷子糜子资源、分子遗传、新品种选育、栽培、病虫害防控、食品加工等方面取得显著进展,为维护干旱地区生态安全、促进经济可持续发展做出了贡献。

一、最新研究进展

(一)2010—2011 年主要研究进展

1. 粟类作物遗传改良和新品种选育研究

2010—2011 年,全国共有 38 个谷子新品种、9 个糜子新品种通过审认定,其中 24 个谷子品种、3 个糜子品种通过全国鉴定。这些品种包括抗除草剂类型、一级优质类型、高产多抗类型、粮草兼用类型、糯质专用类型、富铁专用类型等,已经成为不同生态区品种更新的主推品种;谷子杂交种在河北、山西、内蒙古等地年推广面积 200 多万亩,实现了谷子杂种优势利用研究由示范到大面积推广应用的跨越。

2. 种质资源和抗除草剂亲本创新取得新突破

我国是谷子和糜子的起源国,资源数量世界第一。根据地理来源和资源数据库性状聚类,中国农业科学院作物科学研究所已构建了谷子和糜子的核心种质,并正在构建微核心种质和参考核心种质。

谷子对除草剂敏感,国外将谷子作为除草剂研究的指示作物。近十年来,利用从法国和加拿大引进的抗拿捕净、抗阿特拉津和抗氟乐灵狗尾草材料,开展了我国谷子的抗除草剂育种工作。但是,抗氟乐灵类型抗性水平偏低,抗拿捕净类型相应除草剂对双子叶杂草无效,抗阿特拉津类型是由于叶绿体突变产生的抗性,对光合作用有不利影响。因此,发掘新的抗除草剂基因成为近期重要目标。

2006 年,河北省农林科学院谷子研究所从加拿大引进抗咪唑乙烟酸青狗尾草突变材料,于 2010 年在国内外首次育成了农艺性状接近当前推广品种的抗咪唑乙烟酸新型抗除草剂谷子品系 M1508,2011 年参加国家谷子品种区域试验。咪唑乙烟酸具有兼杀单双子叶杂草、除草剂成本低等优点,成为我国谷子抗除草剂育种的一大突破。同时提出了抗咪唑乙烟酸基因的 6 种利用方法。

3. 谷子简化栽培、抗旱栽培取得显著进展

河北省在黄淮海夏谷区采用抗除草剂谷子品种冀谷 31、配套播种机、脱粒机以及改装的联合收割机,实现了谷子从播种、间苗、除草、收获的生产全过程轻简化,建立了 2 万多亩示范样板,每亩节支增收 200 多元,单户谷子生产能力由过去的 5 亩扩大到 500 亩,加快了谷子产业从传统农业向现代农业转变的速度。

甘肃、内蒙古等地推广了谷子、糜子地膜覆盖和滴灌生产技术,建立了高产示范基地 5000 多亩,试验表明,全膜平铺穴播、全膜双垄沟播、全膜平铺条播苗期耕层 5～25cm 地温分别比露地高 2.99、2.03 和 2.4℃;苗期 0～60cm 土层水分含量比露地高 1.1 个百分点,增产 20％以上。

4. 分子遗传和起源进化取得进展

2010 年美国初步完成了中国谷子品种豫谷 1 号的全基因组测序和部分注释工作,并在 2011 年公布了其中约 90％的基因组序列,这些已公布的基因组序列基本奠定了谷子分子生物学研究的基础,使谷子成为禾谷类功能基因组和作物起源进化研究的新热点。谷子的野生祖先种青狗尾草(Setaria viridis)被美国康奈尔大学和冷泉港实验室确定为 C4 高光效光合途径研究的模式植物(Brutnell et al,2010)。印度国家基因组研究所 Prasad 实验室新开发了 98 个有较好多态性的内含子多态性标记(ILP)(Gupta et al,2011),并在非生物胁迫抗性基因 DREB2 基因的 SNP 标记(Lata et al,2011)等方面进展显著。中国农业科学院作物科学研究所联合我国多家单位在标记开发、标记群体构建、突变体库构建、功能基因分析核心品种筛选方面开展了系统的工作。河北省农林科学院谷子研究所克隆了 36 个谷子抗病性相关基因,获得了 7 个基因全长序列,完成了 RUS1 谷子抗锈基因转化,初步发现有 4 种途径调控抗源十里香的抗锈性。中国农科院作科所、河北省农科院谷子研究所构建了含 71 个标记位点的谷子遗传连锁图谱,发掘出株高、穗长、穗茎长、节间数和落粒性 5 个性状的 14 个 QTL。我国的华大基因等企业和单位也在开展谷子基因组的分析研究。糜子基因组研究较少开展,英国剑桥大学对来自中国和韩国的糜子糯性机理的分子分析解释其糯性形成的三种分子基础,其机理完全不同于谷子 (Hunt et al, 2010),我国在糜子基因组研究方面基本未开展工作。

关于谷子起源中心的争论是国际上一个热门问题,以前的报道多是倾向于多个起源中心,或者欧洲和中亚独立起源,最近我国和日本的研究则发现谷子可能是单起源中心的。我国学者(Wang et al, 2010)用谷子基因组 9 个基因片段的 SNP 分析来自世界各地的 50 个谷子农家品种和 34 份青狗尾草,结果显示谷子是单起源而非多起源;而日本用转座子展示(TD)研究 425 个谷子和 12 个青狗尾草也得到了同样的结论(Hirano et al, 2011)。用更广泛的材料和更准确的基因组测序方法来研究谷子起源问题是近期的方向。

5. 谷子品质分析与食品加工技术研究

河北省农林科学院谷子研究所在小米粥中检测出 51 种挥发性成分,含有醛类 16 种 (40.57％)、醇类 10 种(7.53％)、酮类 3 种(6.64％)、碳氢类 15 种(33.27％)、杂环类 5 种 (8.60％)和其他化合物 2 种(3.39％)。西北农林科技大学研究认为,糜子壳粉中酚和黄

酮主要以结合酚和游离黄酮形式存在;糜子外壳颜色越深,其自由酚含量与自由黄酮含量越高。糜子壳粉中不同存在形式的多酚物质均具有抗氧化活性,其组分构成有明显差异。

山东省农科院研究表明,播种时期对小米的粗蛋白含量、粗脂肪含量以及氨基酸组成影响较小,其中春播小米的粗蛋白、粗脂肪和总氨基酸含量均略低。不同播种时期对小米的淀粉结构组成有重要影响。春播小米淀粉总含量降低,直链淀粉含量升高,而夏播趋势相反。

河北省农林科学院、山西省农科院等以谷子糜子为原料,开发出了小米营养粉、小米营养酒、杂粮低糖酒、糜米苦荞黄酒、小米糠膳食纤维、小米方便粥、方便八宝粥、小米面条、营养强化小米、小米粥啤酒等产品。获得发明专利2项,申报发明专利4项。

(二)本学科的学术建制、人才队伍、基础平台建设

粟类作物学科形成了遗传育种、种质资源、栽培生理、分子遗传、病虫害防控、土壤与肥料、生产机械化、食品加工、产业经济等二级学科,初步形成了门类齐全的现代化学科体系。

随着国家谷子糜子产业技术体系的建设,粟类作物人才队伍在2010—2011年明显扩大,新增研究机构4家,新增研究人员30多人,其中新增博士学位研究人员6人。国家谷子改良中心和分中心、国家谷子产业研发中心、河北省杂粮研究实验室等研究平台得到完善和发展,并启动了河北省杂交谷子工程技术研究中心的建设。

二、重大成果介绍

目前,我国谷子生产品种90%以上均为常规品种,不抗除草剂,需要人工间苗、除草,费时耗力,易发生苗荒草荒,造成严重减产甚至绝收,而小面积生产又鸟害严重,与现代农业生产不相适应,导致谷子生产面积严重下滑。冀谷31是河北省农林科学院谷子研究所采用自研专利技术育成的优质简化栽培谷子新品种,2008—2009年参加国家谷子品种区域试验,2010年通过全国谷子品种委员会鉴定。该品种是由抗除草剂、不抗除草剂的同型姐妹系按一定的比例混合而成的多系品种,通过喷施特定除草剂实现化学间苗、化学除草,该品种还具有优质、高产、适合机械化收获、鸟害轻等突出优点,在全国第八届优质米鉴评会上被评为一级优质米。采用本品种及其配套栽培技术,基本不用人工间苗、人工除草,可显著减轻苗荒草荒危害,同时可杀灭大部分谷莠子。结合配套生产机械,可实现谷子规模化生产。因其栽培省工省时,故又称为"懒谷3号"。

应用效果:2010—2011年累计示范120万亩,2010年经专家田间测产,核心示范区河北省晋州市周家庄种植的600亩冀谷31平均亩产426.8kg,比对照冀谷19亩增产47.7kg,增产12.6%,亩增收171.7元。每亩节约开支203元,合计每亩节支增收374.7元。冀谷31实现了化学间苗和化学除草,配合生产机械,实现了谷子生产的轻简化,谷子生产效率将由原来每户只能管理3亩谷田提高到500亩。由于生产效率提高,谷子生产成本降低,对于增加农民收入,促进丘陵旱地种植结构调整,提高我国谷子的国际市场竞争能力意义重大。

三、国内外研究比较

(一)粟类作物学科现状、动态和趋势

1. 基础研究已经取得显著进展并将快速发展

谷子研究初步形成了较为完整的学科体系,随着谷子基因组测序工作的完成,为谷子功能基因研究提供了重要的信息平台,功能基因发掘、定位、克隆、标记辅助育种和转基因育种技术将快速发展。糜子基础研究也将在谷子的带动下逐渐起步。

2. 应用研究将以生产和市场为导向出现明显转变

(1)在生产轻简化需求的推动下,以及抗拿捕净、抗咪唑乙烟酸等抗除草剂基因的应用,谷子抗除草剂育种将快速发展,同时,适合机械化生产将成为粟类作物重要的育种目标。

(2)随着抗除草剂品种和配套生产机械的应用,粟类作物规模化生产将得以实现,栽培技术将越来越注重集成创新,农机农艺结合技术、专用肥料、新耕作制度下病虫害防控技术等将成为粟类作物栽培技术创新的重要组成部分。

(3)在农业产业化和保健食品市场需求的推动下,粟类作物功能成分研究和食品加工技术将快速发展,并带动加工专用品种的发展。

(二)粟类作物学科发展与国际先进水平的比较

两年来,我国粟类作物学科研究取得了长足进展,但是在谷子基因组测序方面落后于美国;在谷子特异蛋白功能研究方面落后于德国;在野生抗除草剂资源发掘方面落后于加拿大和法国。与小麦、玉米、水稻等大宗作物相比,整体研究水平还存在很大差距。

(1)在遗传方面,许多重要性状如品质、抗病性等的遗传机制还不清楚,分子育种技术距离实用水平还有很大差距。

(2)在新品种选育方面,新品种的产量和抗性还有待突破;专用品种研究刚刚起步。

(3)在栽培、土肥和生产机械化研究方面,缺乏研究人才和技术创新。

(4)在食品加工研究方面,与小麦、玉米、水稻存在较大差距,仍以初级产品为主,深加工产品研发不足,现有的产品多数还只停留在实验室水平,产业化生产的产品寥寥无几。

(三)粟类作物学科战略需求和研究方向

加强应用基础研究,缩小与主要作物的基础研究差距;应用研究重点围绕轻简高效生产需求培育抗除草剂、适合机械化生产的优质高产品种、加工专用品种,同时研究配套生产技术;食品加工是粟类作物产业发展的"短板",应重点开展主食化食品、功能食品和副产品综合利用研究。

四、粟类作物学科发展趋势及展望

(一)粟类作物学科近十年目标和前景

我国的粟类作物主要是谷子和糜子,均为起源于我国的特色作物,共同特点是抗旱、耐瘠薄、营养丰富,在水利不发达、营养匮乏的年代曾发挥过重要作用,但在近几十年均出现了生产面积大幅度下滑,造成这种局面的主要原因有三个方面,一是产量水平不高,对粮食增产需求贡献率低,从而被边缘化;二是生产过程繁琐难以规模化栽培,不能适应现代农业的要求;三是加工技术落后产业链短,需求拉动不足。近十年的主要目标是围绕上述瓶颈难题开展技术攻关,以基础研究为支撑,通过方法创新和材料创新培育高产、抗除草剂、适合机械化生产的品种,发展农机农艺结合的简化高效生产技术,研制主食化、功能化加工产品,创造需求,拉动产业发展。预计通过十年左右的努力,将实现一次大规模的品种更新和栽培技术更新;加工技术将取得较大突破,初步改变90%以原粮形式消费的局面。技术创新的支撑作用将初步显现,规模效应的产业化生产示范区将出现,生产面积下滑将得到有效遏制。

(二)粟类作物学科趋势预测

谷子具有基因组较小的特点(490MB),而且与重要的能源作物柳枝稷亲缘关系较近,因而越来越受到关注,成为禾本科继水稻之后禾谷类分子遗传的又一重要模式作物。2011年,美国完成并公布了谷子基因序列,引发了世界性谷子研究热潮,初步改变了我国孤军研究、缺乏国外成果借鉴的局面,这将有力促进谷子基础研究,并带动谷子相关应用学科的发展。糜子与谷子具有相同的染色体基数,可以借鉴谷子研究成果实现较快发展。预计2020—2030年期间,粟类学科特别是谷子将在基础研究方面取得长足进展,在功能基因发掘、分子育种方面将会赶上主要作物,甚至超越小麦等基因组较大的作物。由于基础研究的平台支撑作用,应用研究也必将实现快速发展,古老的粟类作物将焕发新的生机。

(三)粟类作物学科研究方向与项目建议

(1)以基因组序列为平台,构建谷子遗传连锁图谱,开展功能基因发掘和遗传进化研究。

(2)发掘实用分子标记,建立分子标记辅助育种技术体系。

(3)谷子及其野生近缘种种质资源研究与创新。

(4)高产、优质、专用、抗除草剂、适合机械化生产的品种培育。

(5)杂种优势机理研究及超高产杂交种培育。

(6)农机农艺结合的简化高效生产技术研究。

(7)主要病害遗传机制及防控技术研究。

(8)营养保健功能及功能成分分离研究。

（9）主食化、功能化粟类加工产品研制以及资源综合利用技术的研究。

（10）产业化生产示范区建设。

参考文献

［1］Brutnell T P，Wang L，Swartwood K，et al. *Setaria viridis*：A Model for C4 Photosynthesis［J］. The Plant Cell，2010，22(8)：2537－2544.

［2］Gupta S，Kumari K，Das J，et al. Development and utilization of novel intron length polymorphic markers in foxtail millet［*Setaria italica* (L.) P. Beauv.］［J］. Genome，2011，54(7)：586－602.

［3］Hirano R，Naito K，Fukunaga K，et al. Genetic structure of landraces in foxtail millet［*Setaria italica* (L.) P. Beauv.］revealed with transposon display and interpretation to crop evolution of foxtail millet［J］. Genome，2011，54(6)：498－506.

［4］Hunt H V，Denyer K，Packman L C，et al. Molecular basis of the waxy endosperm starch phenotype in broomcorn millet (*Panicum miliaceum* L.)［J］. Mol Biol Evol，2010，27(7)：1478－1494.

［5］Lata C，Bhutty S，Bahadur R P，et al. Association of an SNP in a novel DREB2－like gene SiDREB2 with stress tolerance in foxtail millet［*Setaria italica* (L.)］［J］. J Exp Bot，2011，62(10)：3387－3401.

［6］Wang C，Chen J，Zhi H，et al. Population genetics of foxtail millet and its wild ancestor［J］. BMC Genet，2010，11：90.

［7］赵立强,潘文嘉,马季芳,等.一个谷子新抗锈基因的 AFLP 标记［J］.中国农业科学,43(21)：4349－4355.

［8］董志平,李志勇,马继芳,等.谷子抗病基因同源序列的克隆与分析［J］.植物病理学报,2011,41(1)：93－97.

［9］刘敬科,刘松雁,赵巍,等.小米粥中挥发性风味物质的分析与研究［J］.粮食与饲料工业,2010,11：31－36.

［10］臧盛,杨联芝,王敏,等.15 种糜子壳粉的多酚类化合物的抗氧化活性［J］.西北农业学报,2010,19(9)：139－143.

［11］师志刚,刘正理,夏雪岩,等.谷子抗咪唑乙烟酸新种质的创新研究［J］.河北农业科学,2010,14(11)：133－134.

［12］程汝宏.产业化生产背景下的谷子育种目标［J］.河北农业科学,2010,14(11)：92－95.

撰稿人：程汝宏　刁现民

麻类作物科技发展研究

　　麻类作物是传统的纤维植物,也是四大天然纤维植物之一,包括苎麻、红麻、黄麻、亚麻、剑麻和大麻等。麻类作物学科主要任务是创制符合生产要求的特殊麻类种质;研究麻类作物重要性状的遗传规律与育种技术,培养优良麻类品种;同时揭示麻类作物生长发育和产量、品种形成规律及其与环境的关系,并形成高效栽培种植模式,实现高产、优质、高效、生态、安全的生产目标,为保障我国纤维原料、缓解能源危机、实现生态安全等可持续发展提供可靠的技术支撑。

一、本学科近年的最新研究进展

(一)麻类作物品种资源研究进展

　　麻类作物品种资源是反映麻类品种多样性的宝贵基因库,是培育新品种及品种改良的物质基础。近两年来,麻类种质研究取得了新的进展,先后创制了一批具有特殊性状的种质,培育了一批优良麻类新品种。

　　1. 麻类作物种质资源收集情况

　　麻类种质资源工作历来受到党和政府的重视。目前,"国家麻类作物种质中期库"保存了4科5属39种(亚种)资源9764份,其中国外引进3406份(占34.9%),国家苎麻种质长沙资源圃保存了苎麻属19种8变种资源2025份。

　　2. 麻类作物种质资源研究新进展

　　(1)麻类作物核心种质构建

　　通过取样的选择、采用系统聚类方法、遗传距离分析构建苎麻核心种质。构建的核心种质可以很好的代表原种质的遗传多样性。

　　(2)利用分子标记构建麻类种子身份证成为研究热点

　　采用 ISSR 分子标记初步构建了一套包含 42 份苎麻种质资源的分子身份证;利用 RAPD 标记初步构建了亚麻 RAPD 标记分子身份证体系及 26 份亚麻材料的 RAPD 标记分子身份证;对来源于不同国家和地区的 51 份红麻栽培种、野生种和近缘种构建红麻种质资源分子身份证,这为在分子水平上区分麻类作物种质资源提供了依据。

　　3. 麻类作物新品种选育获得突破

　　(1)目前,常规育种仍然是麻类作物品种选育的最主要方法。

　　利用杂交方法选育了"中苎2号"、"川苎12号"等高纤维细度、高产、多抗苎麻新品种。采有常规杂交育种方法成功选育出纤维亚麻新品种黑亚19号、黑亚20号、双亚15号等优质、高产、早熟、抗逆性强亚麻新品种。通过单性选择育成大麻新品种"龙大麻1号",具有优质、高产、熟期适中、抗病、抗倒伏能力强等优点。

此外,采用回交育种技术育成的纤维用亚麻新品种双亚 14 号。陈安国等利用优良红麻材料回交选育一个集高产、抗病、抗倒、优质、适应性广于一体的纺织、多用途的红麻新品种"中红麻 13 号",不早花、红茎、裂叶型。

(2)随着育种方法的不断发展,常见的航天育种、辐射育种等方式也已经深入到麻类作物育种中,并培育了诸多优良品种。

通过宇航搭载进行航天育种育成光钝感、超高产红麻新品种福红航 992。通过辐射诱变,经多代系谱选择育成菜用黄麻新品种福农 1 号。

(二)麻类作物遗传育种

1. 麻类作物分子遗传育种

(1)物种演化及亲缘关系研究

DNA 分子标记所检测的是作物基因组 DNA 水平的差异,因而非常稳定,在分子图谱帮助下对品种之间的比较可覆盖基因组,大大提高了结果的可靠性。可用于品种资源的鉴定与保存,研究作物的起源与发展进化,杂交亲本的选择等。利用分子标记可以确定亲本之间的遗传差异和亲缘关系,从而确定亲本间遗传距离,指导杂交育种亲本选配,减少杂交组合数,有效划分杂种优势群,为提高育种效率提供了依据。

以栽培种苎麻、野生苎麻为试验材料,利用 RAPD 和 ISSR 标记技术分析它们之间的亲缘关系,同时结合传统分类学分类方法验证其分析结果的可靠性,为分子标记技术在苎麻属植物的鉴定分类及种间亲缘关系上的分析应用提供了依据。

(2)遗传多样性研究

分子标记较灵敏地表明麻类作物种质资源遗传的多样性。

通过构建多胚苗为主体的群体,应用 SRAP 分子标记对其遗传多样性进行分析,初步揭示了该群体的遗传基础,为苎麻品种选育、杂种优势利用提供了参考。ISSR 标记技术用于分析苎麻自交无性繁殖系的遗传多样性及亲缘关系,为育种及科学合理保存和利用现有种质资源提供理论依据和技术支持。

Prashant Shekhar Gupta,Jaap Vromans 等采用 RAPD、AFLP 标记对亚麻进行遗传多样性分析,发现由于亚麻栽培品种的遗传关系相近,须对亚麻种质的各种基因型进行鉴定,以拓宽今后育种计划中的遗传基础。油用亚麻和野生亚麻资源具有更高的遗传多样性,应作为拓展亚麻基因库的优良遗传资源,并在育种中将新的有利基因引入纤维型亚麻。

采用 ISSR 分子标记对 38 份红麻品种进行遗传多样性分析。聚类分析表明:红麻栽培品种间基因型差异较小,亲缘关系较近,遗传基础相对狭窄;而野生种、近缘种和栽培种之间存在着较大的遗传差异性。

利用荧光标记 AFLP 技术研究剑麻种质遗传多样性及亲缘关系,清楚地揭示了剑麻种质之间的亲缘关系。

(3)标记辅助育种选择

许多重要农艺性状表现为质量遗传特点,如抗病、抗虫、雄性不育、自交不亲和性等。利用与目标性状紧密连锁的分子标记,是进行质量性状选择的有效途径,较传统的育种方法有很大的优越性。

发现亚麻 9801-1 品系对亚麻白粉病的抗病性属于完全显性单基因细胞核遗传,通过 RAPD 分子标记研究,获得了一个与白粉病相关的 RAPD 标记,为亚麻抗白粉病基因克隆提供了条件。利用 AFLP 分子标记,克隆到一条特异条带,可作为用于大麻早期性别鉴定的参考分子遗传标记。在前期已完成的红麻遗传连锁图谱构建的工作基础上,对红麻的叶柄色、叶形、花冠大小、花冠形状、后期茎色等质量性状进行基因定位。

2. 麻类作物常规遗传学研究

通过对 21 份苎麻雄性不育种质进行田间观察、花粉活力测定、自交种子发芽试验和天然杂交种子发芽试验的研究,提出苎麻种质可归为 4 类,即雄花萎缩型、雄花不开裂型、花粉不育型、待定型。

通过研究优化大麻基因组原位杂交技术,成功地应用于外源遗传物质的鉴定,为进一步分析大麻的基因组结构,特别是研究大麻的性别分化奠定基础。

对黄麻栽培品种、野生类型和野生近缘种进行核型分析,研究其染色体数目及染色体长度、着丝点、臂比和随体有无等形态特征,为进一步研究黄麻属的起源演化、迁移扩散、遗传变异、系统分类提供一定的科学依据。

已初步证实黄麻雌性不育系与正常可育系在可溶性糖和可溶性蛋白等物质代谢动态变化的差异。

(三)麻类作物分子生物学

1. 麻类作物韧皮纤维相关基因的克隆及功能研究

通过苎麻茎皮 cDNA 文库构建和 EST 的初步分析,获得一组苎麻 EST 的数据并对同时获得的与细胞壁合成有关的肌动蛋白解聚因子(ADF)和 β-微管蛋白基因在不同品种苎麻上的不同生育期和不同部位的表达模式进行了分析。马雄风等克隆苎麻 BnAC-TIN1 基因,并探索其在韧皮部纤维不同发育阶段基因的表达水平,初步阐明该基因在纤维伸长时肌细胞骨架形成中的表达规律。采用基因芯片技术,对湖南沅江和云南昆明栽培生态条件下的亚麻茎皮组织基因差异表达进行了初步分析。

2. 抗病虫害、抗除草剂基因工程的研究

苎麻病虫害是苎麻生产上的重要制约因子之一。利用苎麻下胚轴高频再生体系,将携带人工合成的 CryIA 杀虫基因和 CpTI 基因的高效双价杀虫基因的植物表达载 pGBI4ABC 转化到苎麻主栽品种中苎 1 号中,为最终创造兼抗鳞翅目及鞘翅目等害虫的苎麻种质材料奠定了基础。以苎麻品种中苎 1 号子叶愈伤组织为受体材料,利用基因枪法将外源双价抗虫基因(Cry2IA+CpTI)导入苎麻,建立基因枪转化苎麻的技术体系。

通过转基因技术,把薤白 EPSP 基因成功转入亚麻,转基因亚麻对草甘膦的耐受性明显提高。

3. 抗逆性转基因研究

通过鉴定转导 SaNHX 耐盐基因 T1 代 980 个红麻株系的耐盐性,对转基因后代的耐盐水平进行评价,发现苗期都表现出较好的耐盐性。丁静等将漆酶基因 Lac 成功的整合

到剑麻的基因组中,获得了转漆酶基因植株。

4. 其他分子生物学研究

以剑麻无菌苗为材料,应用 GUS 基因瞬时表达技术,建立并优化了农杆菌介导的剑麻的遗传转化体系,为今后开展剑麻转基因研究提供有效的方法。陈鹏等分别在不育系和保持系中克隆了线粒体呼吸链复合体蛋白的编码基因 cox3,基因序列分析表明其和其他物种 cox3 基因的同源性在 92.8% 以上。

(四)麻类作物生理生态与耕作栽培

1. 麻类作物生理生态研究

(1)营养元素、生长激素成为当前麻类作物生理研究的一个重点

研究了亚麻种子中 P、K、Fe 积累的规律,建立了基于 SPAD 值的苎麻叶片全氮含量的回归模型,为苎麻氮营养无损、快速、精确诊断提供依据。探讨了亚麻外植体、激素与愈伤组织形成的关系,为亚麻的细胞再生体系的建立、耐盐细胞突变育种和转基因育种奠定基础。发现打顶处理后亚麻抗倒伏和品质有不同程度提高,不同抑芽剂均具有一定的抑芽和防倒效果。发现剑麻内源多胺和内源水杨酸的变化可能与其生长发育需要不同的营养有关。

(2)逆境生理研究

研究水分胁迫下亚麻种子发芽情况,对亚麻的耐旱性进行初步的评价与分析,缩短亚麻抗旱性测定的时间,为亚麻栽培条件的选择和亚麻育种提供根据。

发现在不施氮(N0)条件下,红麻 F1 代表现出较强的耐低氮生理特性,抗逆境优势强于亲本,因此 F1 代更适宜推广选种。研究了不同浓度的钠盐(Na_2SO_4 和 Na_2CO_3)胁迫对红麻种子萌发和幼苗生长的影响,不仅对揭示植物耐盐的机理,而且对耐盐作物的栽培管理具有重要的实践意义。利用 PEG 模拟干旱胁迫对黄麻种子萌发的效应筛选出萌发期抗旱性较强的黄麻品种,并建立黄麻萌发期抗旱性评价体系。

2. 麻类作物的耕作栽培研究

(1)栽培机理研究

对苎麻根际的土壤养分、细菌、真菌、放线菌、脲酶、酸性磷酸酶、pH 值的差异性及其根际土壤养分与苎麻产量和纤维品质的相关性进行了研究,发现根际环境中全氮、全磷、全钾含量、pH 值、微生物数量存在品种间差异性,这些理论研究有助于为苎麻创造良好的土壤生态环境、建立高产优质栽培模式。

发现苎麻低位分枝扦插苗的扦插密度与成苗率、单株根干重、主茎高度增加量、单株叶干重及分枝特性的相关性。在生育期间采用培土措施,对亚麻抗倒伏性能及主要经济性状有良好作用。

研究了种植密度、播种时期和施肥等环境因素,以及受环境因素影响的叶序变化、开花和植株纤维分布等对纤维大麻生产的影响,为大麻栽培和育种提供参考。

(2)栽培模式研究

在湘北丘陵区旱地进行了苎麻 5 种不同处理苎麻的栽培措施研究。

研究盐渍化土壤地区亚麻高产、优质、高效栽培技术模式。通过亚麻栽培试验，筛选适合新疆亚麻生产种植的最佳栽培措施。

通过正交试验研究了播期、密度及肥料对大麻原茎产量、纤维产量和全麻率的影响。宋宪友等结合黑龙江生产实际提出了大麻主要栽培技术。

对盐碱地红麻高产栽培技术进行了初步探讨；对红麻夏播留种进行了较优配套栽培技术筛选研究；研究了在江淮丘陵岗地红麻高产栽培的生产技术。

（3）麻类作物套种栽培技术研究

重庆市苎麻榨菜套作模式；四川达州的苎麻地套种蘑菇具有较好的技术模式；在成龄苎麻地套种早春马铃薯，进行高产高效栽培技术的研究与探索，提高麻园综合利用率。

二、麻类作物国内外研究进展比较

目前，尽管国内外麻类作物研究与水稻、小麦等大宗作物的研究还存在相当大的差距，但随着科技的发展，麻类作物学借鉴已取得的现代科学技术成果，发展日新月异，取得了长足进展。

当前，国外对麻类作物研究已经进入分子生物学水平。主要体现在：①用分子标记分析麻类作物资源的亲缘关系、种质的遗传多样性、育种辅助选择；②优质基因发掘与克隆；③转基因技术。近年来，国外科学家广泛运用基因操作等技术，对主要麻类作物品种进行改良，不断提高新品种的产量、品质和抗逆性，成功取得了部分麻类品种的转基因植株。国外麻类作物新品种选育研究，育种手段均与传统的常规方法与转基因和诱变等高技术相结合，使新品种的育成周期从过去的 10 余年缩短到目前的 5 年左右。

相较而言，我国麻类作物育种目前主要采用常规育种方法，分子育种才刚刚起步，还没有转基因品种。虽然做了一些转基因技术研究工作，但仍然只是实验室阶段，除苎麻为我国特有品种外，其他几种主要麻类作物与国际先进水平还存在一定差距。我国剑麻种植面积为 50 万亩左右，至今仍然只有一个引进品种为当家品种。亚麻育成新品种较多，但与国外亚麻品种相比，我国的亚麻品种存在长麻率低，质量不高等缺陷。

三、本学科发展趋势及展望

（一）麻类作物学科未来十年的发展目标和前景

当前我国面临着粮食危机、生态危机、能源危机等诸多严峻挑战，麻类作物既是一种重要的天然纤维原料，也是一种重要的生物质能源原料，同时又兼具改良土壤、防止水土流失的生态作用，符合我国可持续发展战略，发展前景美好。未来 10 年，麻类作物学发展目标：①急需创造麻类育种和生产急需的新、特、优种质，如苎麻无融合种质，红麻高抗炭疽病、抗旱、材料，亚麻长麻率高和抗立枯病、抗涝耐盐材料，苎麻多用途专用品种的筛选。②加强对麻类作物遗传及分子生物学研究，了解麻类作物遗传背景，获得与主要经济性状主效基因紧密连锁的分子标记；结合转基因技术，选育出一批高产、优质、抗病的麻类新品种。③发展干旱、盐碱、山坡地等逆境条件下麻类高产高效栽培技术。④适应麻类多用途专用品种的高产栽培技术。

(二)本学科在我国未来的发展趋势预测

1. 麻类功能基因组研究

苎麻、亚麻、红麻、黄麻等全基因组测序,绘制基因组图;参考基因组图谱,开发 SSR 等分子标记,构建遗传连锁图谱,并利用全基因组序列为进一步开展分子育种和功能基因克隆提供基础。对具有特征性品种进行重测序,发现与重要农艺性状相关联的关键基因。对各品系、各时期、各组织进行全基因组转录组和表达谱测序,进行基因注释,研究基因时空表达特征。

麻类优异种质的创新与种质资源整理评价的数字化和标准化,促进了资源有效利用。完成各种麻的种质资源描述规范和数据标准的研制,构建标准的数据库和图像库,并提供网络共享。

2. 麻类特优异种质的创制与新品种选育

运用常规和生物技术方法,采用远缘杂交、外源 DNA 导入、辐射诱变、聚合杂交、杂交转育、轮回选择和利用雄性不育材料转育等技术,创造麻类育种和生产急需的新、特、优种质,如苎麻抗金龟子,红麻高抗炭疽病,抗旱、抗涝材料;亚麻长麻率高和抗立枯病、抗涝耐盐材料等。根据生产不同需求,选育高产优质抗逆性强的新品种。

3. 提高麻类综合生产能力的技术体系研究

研究新品种的配套栽培技术,以"良种良法"和"节本增效"的原则组装技术促进单位生产能力的提高;研究建立灾害性生产预警机制,以麻类组织培养与脱毒快繁及病虫害防治技术为基础,从源头防止灾害性生产状况的发生,形成病虫害综合治理技术;研究新型高效麻类机械及其机械化收获技术,提高机械化程度和合理的产品流通形式,形成一套规范的操作技术体系,达到提高麻类综合生产能力的目的。

4. 麻类多用途专用品种的选育与配套栽培技术

根据产业不同需求,针对收获物不同的特点,进行麻类专用品种的选育。以环保可持续发展的要求,开拓边际土壤的综合利用。选育适合于山坡地、耐盐碱和冬闲地的麻类新品种。以麻类作饲料、副产物的综合利用及可持续发展生产模式的成套技术。

参考文献

[1]熊和平.我国麻类生产的现状与政策建议[J].中国麻业科学,2010,32(6):301-304.
[2]熊和平.抓住天然纤维复苏契机 推动我国麻类产业发展[J].中国棉麻流通经济,2010:21-25.
[3]陈建华,栾明宝,许英,等.苎麻种质资源核心种质构建[J].中国麻业科学,2011,33(2):59-64.
[4]栾明宝,陈建华,许英,等.苎麻核心种质构建方法[J].作物学报,2010,36(12):2099-2106.
[5]关凤芝,吴广文,宋宪友,等.纤维亚麻新品种黑亚19号选育[J].中国麻业科学,2010,32(6):314-316.

［6］陈安国,李德芳,李建军,等. 高产优质抗病强适应性广红麻新品种"中红麻13号"的选育［J］.中国麻业科学，2011,33(4):172－178.

［7］王玉富,贾婉琪,薛召东,等. 国外引进亚麻种质资源的聚类分析及评价［J］.植物遗传资源学报，2010,11(5):548－554.

［8］康庆华,关凤芝,吴广文,等.多胚亚麻种质的研究与利用［J］.中国麻业科学,2011,33(4):179－183.

［9］马雄风,喻春明,唐守伟,朱等.苎麻Actin1基因克隆及其在韧皮部纤维不同发育阶段的表达［J］.作物学报,2010,36(1):101－108.

［10］马雄风,喻春明,等.根癌农杆菌介导的转双价抗虫基因(CryIA＋CpTI)苎麻［J］.作物学报,2010,36(5):788－793.

［11］吴建梅,姚运法,林荔辉,等.SaNHX耐盐基因转化红麻T1代的耐盐性初步鉴定［J］.中国麻业科学,2010,32(6):316－322.

［12］丁静,徐立,杜中军,等.红掌漆酶基因Lac的表达载体构建与剑麻转化［J］.分子植物育种,2011,9(1):46－50.

［13］周建霞,朱四元,刘头明,等.不同苎麻品种间根际环境的初步研究［J］.中国麻业科学,2011,33(4):206－209.

［14］王凤敏,粟建光,龚友才,等.不同红麻种子耐老化性差异及热稳定蛋白的研究［J］.植物遗传资源学报,2010,11(1):5－9.

［15］魏国江,潘冬梅,刘淑霞,等.黑龙江省大庆市盐碱地种植红麻技术初探［J］.中国麻业科学,2011,33(1):11－15.

［16］邓纲,郭鸿彦,顿昊阳.环境因子对大麻纤维产量和质量影响的研究进展［J］.中国麻业科学,2010,32(3):176－182.

撰稿人:熊和平　唐守伟　刘志远

糖料作物科技发展研究

用于制糖的作物称为糖料作物,主要以甘蔗和甜菜为主。甘蔗是一种高高的绿色茎,甜菜是一种长在地下膨大的根,人们榨取它们的汁液,把汁液收集起来转化为糖的结晶。在我国,北方一般以甜菜为原料制糖,南方则常以甘蔗为原料制糖。本报告对 2010—2011 年主要糖料作物甘蔗和甜菜的品种资源研究、生物技术、育种技术与新品种选育、甜菜营养与施肥、病虫害防治及耕作栽培研究等新发展进行总结;根据国内外糖料作物科技发展新动向及国内生产需求,对未来的科技发展作出科学预测,明确我国糖料作物生产、科研工作与国外的差距和今后工作重点,为今后我国糖料作物科研与生产的发展提出合理化建议。

一、糖料作物最新研究进展

(一)甘蔗最新研究进展

随着石化能源的枯竭,原油价格的回升,人们对绿色能源的青睐,各国都致力于甘蔗能源乙醇的产业化生产,除巴西加大用甘蔗生产乙醇的比例外,泰国、墨西哥、澳大利亚也都加大能源甘蔗的开发力度,甘蔗也是我国乙醇汽油的最重要的非粮生物质原料。

1. 种质创新

各国都在利用甘蔗属内的新割手密,大茎野生种与热带种以及近缘属植物斑茅、蔗茅进行杂交利用,以拓宽甘蔗的遗传基础。我国利用云南的蛮耗割手密与版纳割手密取得了积极的进展,选育了一批新育种优良亲本(BC$_2$ 以上)云瑞 05－283 和云瑞 99－131 等。

对斑茅的杂交利用我国一直处于国际前沿,现已取得较大进展,获得了大量 BC$_3$ 和 BC$_4$ 材料,并经过产量与品质及抗性相关鉴定,获得了可用于杂交利用的亲本。这些亲本产量明显高于对照,锤度与对照相近,可达 21％。

2. 品种选育

近年我国的育种规模有较大的提高,年培育实生苗量在 80 万苗左右,选育了 12 个新品种并通过国家鉴定。美国、澳大利亚、巴西和印度等注册了一批甘蔗新品种。其中,澳大利亚为 Q241～Q243,巴西注册了 13 个甘蔗新品种。国际著名的种业企业参与到巴西甘蔗育种,Canavialis 是 RB 与孟山都公司的合资企业,Syngenta 与 IAC 签订了合作协议。

3. 基因克隆定位及基因图谱是甘蔗分子生物技术研究的热点

两年来甘蔗分子生物学研究取得了较为明显的进展,克隆了甘蔗的一批重要基因,并对重要的农艺性状进行了 QTL 定位,如甘蔗抗虫、氮高效利用等基因定位研究报道。转基因研究进展明显,许多基因的转基因材料到了田间试验阶段。巴西、美国和法国都在应用各种方法构建基因图谱。

4. 甘蔗生产机械化

近两年是我国对农机最为关心、投入最集中的时候,通过全国公益性行业科技专项和甘蔗产业技术体系专项来促进甘蔗生产机械化进程,在全国建立 9 个甘蔗全程机械化示范基地,使之成为甘蔗收获机械化推广和示范平台,引进并改造适合现有甘蔗经营规模的收获机型,重点解决好农机与农艺相结合、收获机械配套等问题。在机械化生产管理方面,注重气候、土壤养分、病虫发生等长期数据的积累与分析预测,在此基础上,应用专家系统进行统管统治,与此同时,不断研发应用高效控释肥、新型农药。机械化生产总体上表现出轻简化、精准化和高效化的特征。

5. 栽培

开展主推甘蔗自育品种高效低耗种植技术研究与示范,通过两年来对主推甘蔗品种高效低耗种植技术研究,形成了与新品种种性相适应的高效低耗种植综合栽培技术措施,解决了示范区甘蔗生产高投入、低产出的问题,从而大幅度提高了示范区及周边蔗区甘蔗产量和经济效益。

(二)甜菜最新研究进展

1. 利用 SRAP 标记分析我国甜菜育种骨干材料的遗传多样性

为了探讨我国甜菜育种骨干材料在地区之间以及与国外品种之间存在的差异。利用SRAP 分子标记对全国三大产区的 250 份甜菜材料进行了遗传多样性分析。田间生物学性状和经济性状可将供试材料分为九大类群;在遗传距离 0.20 处,可将供试材料分为四大类群。我国三大产区的供试材料各有特色,华北和西北产区供试材料主要表现为根产量较高、抗丛根病性较强;东北产区供试材料主要表现为含糖率较高、抗褐斑病性较强。

2. 病地与非病地同步鉴定的双重轮回选择技术

甜菜品系与组合在不同环境下根产量与含糖量及抗病性表现差异很大。与基础群体比较,测交全姊妹轮回改良群体的 CMS 系 TB9 - CMSF$_3$ 和全姊妹轮回改良群体 S$_0$×S$_0$ 的 CMS 系 TB9 - CMSF$_5$ 的根产量在非病地分别提高 14% 和 7% ,高于对照(多倍体品种甜研 309)8.7%~15.4%。在病地分别提高 35% 和 3%,高于对照 15.5%~67.7%,产糖量高于对照 4.0%~46.9%。结论:利用基因型与环境互作效应以及双重轮回选择达到了预期选择效果,但该选择方法对 Na 含量、K 含量、有害氮含量的减少效果不明显。

3. 探讨完善甜菜单胚雄性不育系与○型系的改良技术

快速改良甜菜单胚雄性不育系与○型系的同步核置换技术以引入的国外单胚雄性不育系及○型系为改良对象,以国产高糖、抗病多胚○型系作回交轮回父本,通过后代胚性及育性鉴定和产质量检测,导入抗病高糖基因后效果明显。显著提高了单胚雄性不育系及○型系的抗病性和含糖量。单胚二系同步回交,缩短育种年限 4~5 年。克服了以前先改良保持系,而后再回交转育不育系的缺点。利用二环系技术可以克服单一不育系的弱点,增强了 2 个以上单胚自交系的杂种优势,提高了筛选出优良杂交组合的机率。对自主培育的新型细胞质雄性不育系(P－CMS 和 M－CMS)改良效果显著,各项经济性状指标已达到或接近国外不育系标准,配置的杂交组合参加省品种区域试验表现优良。

4. 抗丛根病 RNA5 品种抗性鉴定圃及早期抗丛根病筛选鉴定技术的建立

通过建立甜菜抗丛根病 RNA5 品种抗性鉴定圃,将准备筛选的抗丛根病品种、亲本材料置于抗丛根病 RNA5 品种抗性鉴定圃中进行抗丛根病性鉴定,可以准确地筛选出抗丛根病性强,抗丛根病稳定性高的优良抗丛根病亲本材料、品种。目前在内蒙古自治区农牧业科学院院内试验区建立了抗丛根病 RNA5 品种抗性鉴定圃。利用上述甜菜室内早期抗病筛选鉴定技术,结合 RNA5 重病圃的进一步筛选鉴定,可以明确甜菜不同品种或亲本材料的抗丛根病性能,缩短育种时间,为甜菜抗丛根病育种快速、准确地提供稳定、优良的抗丛根病亲本材料,为选育优质抗丛根病新品种奠定了基础。目前已确立了完整的甜菜抗丛根病筛选鉴定检测程序,合成了用于抗丛根病检测的 RNA3、RNA5 特定引物。在此研究基础上,确立并建立了甜菜抗丛根病 RNA5 品种抗性鉴定圃。

5. 植物基因工程及抗逆基因的发掘

分离克隆了 1 个沙冬青 AmERF 转录因子基因,序列测定和生物信息学分析结果表明,该基因全长 899bp,没有内含子,读码框 633bp,编码 211 个氨基酸,编码的蛋白理论 MW＝23216.0,理论 pI＝8.20。经 Blastx 程序和 DANman 软件分析,沙冬青 AmERF 是 1 个新基因。

6. 甜菜新品种选育及育种材料创新

2010 年审定的品种有:甜研 311(多粒)、内 2499、新甜 19 号、新甜 20 号;2011 年审定品种:甜研 312、内甜 28102、新甜 21 号。两年共通过审定甜菜新品种 7 个。2006—2010 年选育优良品系或资源 22 个,创新优质、抗病、高产型甜菜亲本及种质 22 份,目标性状突出,综合性状优良,并可用于新品种选育研究。其中:高糖亲本材料 5 份,其中单胚雄性不育系及○型系 1 对,二倍体和四倍体多胚授粉系 4 份;丰产亲本材料 5 份,其中单胚雄性不育系及○型系 1 对,二倍体和四倍体多胚授粉系 4 份;多抗亲本材料 5 份,其中单胚雄性不育系及○型系 1 对,二倍体和四倍体多胚授粉系 4 份;优质高产多抗型材料 7 份,其中单胚雄性不育系及○型系 1 对,二倍体和四倍体多胚授粉系 6 份。其中四倍体品系 4N227、4N209、4N408、4N204、4N334－5、4N408－2、4N425－3、4N426－4;二倍体品系 2B039、2B051、2B018、2B011、2B807、2B034、2B030、2B036;单胚二倍体品系 JV85 与 JV86、JV71 与 JV72、JV19 与 JV20、JV45 与 JV46。以上这些品系表现良好,根产量 45348.5～50757.6kg/hm²,产糖量 9360.6～9393.9kg/hm²,含糖率 17.0%～19.8%。

7. 甜菜营养与施肥技术研究与推广

重点开展了甜菜纸筒育苗技术的研发与应用。通过技术完善与推广,目前甜菜纸筒育苗技术已成为东北、华北甜菜产区甜菜生产的主要栽培模式,解决了冷凉干旱地区的甜菜生育期,提高了甜菜保苗率和种植密度,降低了生产成本,使甜菜单产水平有了大幅度提高。在平衡施肥技术方面,开展了土壤诊断技术的研究,植株诊断技术的研究,对不同生态类型下,获得最佳甜菜产质量时对氮、磷、钾的需求量开展了研究。随着平衡施肥技术的推广应用,甜菜生产中追施单一氮肥的现状有了一定的改变,加上优良品种的推广应用,生产中甜菜根叶比趋于合理,甜菜品质明显提高,出糖率增加。

8. 生长调控技术

根据甜菜生长发育规律和糖、氮生理代谢特点,进行了甜菜有机胺类的生长调节剂的研究,该项研究成果获得了哈尔滨市政府科技进步奖二等奖,推广面积近 1000 万亩,对改善甜菜含糖,增加农民收益起到了较大的促进作用。

9. 全程机械化示范

随着劳动力的紧缺和劳动力成本的提高,种植甜菜成本逐年提高,影响甜菜生产的比较效益和国际竞争力,我国东北进行了甜菜纸筒育苗的墩土、播种、移栽机械化,直播甜菜的播种、收获等全程机械化的研究,目前在黑龙江省的垦区和部分地方甜菜产区已经大面积推广。在甜菜生产产业化基地开展机械收获和全程机械化研究,并研究了现有机械型号的筛选与组合配套技术,开展了与甜菜生产全程机械化相配套的栽培技术研究。

10. 初步建立了甜菜生产管理标准化体系

在原有工作的基础上,新制定生产标准甜菜 9 个,包括国家标准 1 个,行业标准 8 个,使甜菜科研与生产的管理工作进一步完善,甜菜生产管理体系初见规模。

(三)糖料作物最新进展在农业发展中的应用与成果

1. 甘蔗最新进展在农业发展中的应用与成果

(1)高糖品种的选育与推广

我国在近年选育出了福农 28 号、粤糖 00 - 236、粤糖 03 - 373(粤糖 60 号)、云蔗 03 - 194 等 12 个高产高糖品种,获得国家鉴定,特别在高糖育种上,取得了明显的进展,福农 28 号,粤糖 00 - 236 都是至今选育的最高糖品种。近年选育的高糖品种粤糖 00 - 236、粤糖 93 - 159、福农 15 号、福农 28 号,云蔗 03 - 194 和桂糖 21 号等在全国的种植面积逐步扩大。

(2)健康种苗

中国热带农业科学院热带生物技术研究所与农业部甘蔗遗传改良重点开放实验室主导的利用理化处理结合进行腋芽扩繁培育健康种苗成为健康种苗的生产与推广的主要方式,腋芽脱毒快繁健康种苗可脱去甘蔗花叶病、宿根矮化病等甘蔗病毒,并减少黑穗病、梢腐病等真菌性病害的危害,利于品种的提纯复壮。

(3)家系选择及经济遗传值的应用

我国现各主要育种单位都研究和应用提高育种效率的家系选择技术和经济遗传值评价体系,农业部甘蔗遗传育种重点开放实验室、云南省农科院甘蔗所、广州甘蔗糖业研究所都设计试验,开展家系选择研究。农业部甘蔗遗传育种重点开放实验室按经济权重的概念,据我国的实际情况初步估算了甘蔗主要性状的经济权,并利用经济遗传值评价亲本和组合,云南省农科院甘蔗所按家系选择方法估算了亲本和组合的配合力。在此基础上,"十二五"甘蔗产业体系每年设计配制约 100 个组合供 4 个育种单位在不同生态点利用经济遗传值进行亲本和组合评价,以便对这些主要的亲本有较为全面的了解评价,为亲本选择和组合选配提供依据,提高育种效率。

(4)品种多系布局及其配套技术示范

国家甘蔗产业技术体系实施后在全国蔗区内示范新选育的 20 个甘蔗新品种,并从第一期 10 个品种中筛选出粤糖 00－236、福农 15 号、桂糖 02－901、桂柳 1 号及云蔗 03－194 等品种,并按它们在不同生态类型下的表现,推荐在相适应的蔗区推广,加上对前期自育的粤糖 93－159、桂糖 21 号和福农 91－4621 等进行加大力度的推广,使品种的单一化得到改善,品种多样性和自育品种所占比例得到提高。

(5)轻减技术研究示范

如今我国的甘蔗生产各个环节都有进行机械化试验,但应用最成功、最为普遍的是耕整地机械,盖膜机械和中耕培土机械的试验也获得较大进展,应用面积也较大;此外种植机械、中耕培土施肥施药一体化机械和收获机械也在有条件的地方示范,机型不断完善,配套栽培技术和配套措施也在不断研究示范中,为在有条件的地区推广相适应的全程机械化模式作准备。

2. 甜菜最新进展在农业发展中的应用与成果

针对目前推广国外品种含糖率低,褐斑病、根腐病、白粉病发病严重等问题,采用杂交、轮回选择、回交转育、生物技术等手段,改良创新具有不同遗传性状的甜菜丰产型、高糖型、抗褐斑病、根腐病、白粉病等具有特优异性状的种质资源材料 30 余份。配制杂交组合 1780 个,田间鉴定有单胚杂交组合 1370 个,多胚杂交组合 1300 个,单胚品系鉴定 190个,多胚四倍体和二倍体授粉系各 160 个,优良杂交组合筛选 30 个,参加省区试的优良杂交组合 19 个,2010—2011 年全国共培育甜菜新品种 7 个。建立生产示范基地及良种繁育基地 15 个,优良品种繁殖生产种 100 吨,推广甜菜新品种近 100 万亩。

二、糖料作物国内外研究比较

(一)甘蔗国内外研究比较

1. 斑茅杂交利用与研究处于国际领先

我国的甘蔗与斑茅属间远缘杂交在杂交思路调整和杂种鉴定技术进步的情况下,海南甘蔗育种在 2001 年取得突破性进展,获得了真实的斑茅后代 BC_1,并且一直不懈的进行回交,并与部重点实验室等单位一起进行深入的研究,研究后代的快速准确的鉴定方法。对后代的抗病性进行鉴定,对光合能力、抗旱能力、抗旱方式,抗逆基因、育性基因的筛选及克隆,杂交后代的染色体遗传等都进行了较为深入的研究,斑茅后代的材料创制与相关研究处于国际领先地位。在材料创制方面现已获得一批斑茅 BC_3 和 BC_4 材料,如BC_4 材料 YCE07－71 和 YCE07－65 等经产量和品质鉴定,具有高产抗逆、分蘖力强、宿根性强等优势,锤度中上,与生产上的品种相近,已具备作为亲本杂交培育品种的条件。

2. 自育品种产量糖分进展快,但适应性欠缺

我国近年选育出的福农 28 号、粤糖 00－236、桂糖 02－901 和桂柳 1 号等品种的蔗糖

分,2010年3月的平均蔗糖分15.8%～16.5%,高峰期蔗糖分达17%～18%,这些品种的育成说明我国的高糖育种已与世界最先进的澳大利亚相近,但自育品种在国内所占的面积不大,在品种适应性上尚待提高。

3. 缺乏适应机械化生产的品种

我国近期甘蔗生产劳动力成本急剧上升,全程机械化生产要求迫切,在进行全程机械化生产试验过程中,当行距放宽到适宜机械收获的1.3 m以上后,自育品种都表现出有效茎数不足,收获后宿根发株不理想等现象,我国品种选育中针对机械化生产的品种筛选亟待加强。

(二)国内外甜菜研究进展比较

1. 甜菜整体研究水平落后于国外,也落后于国内大田作物

我国甜菜研究起步较晚,整体研究水平不但于落后于国外,而且也落后于国内其他作物,如玉米、水稻、大豆和小麦。甜菜平均单产为世界平均单产的2/3,仅为欧美等先进国家的1/2。与国外相比,我国甜菜生产机械化的程度很低,田间作业劳动强度大。美国甜菜的测土配方施肥技术覆盖面积已达到80%以上,在大面积土壤调查的基础上,启动了全国范围内的养分综合管理研究。德国、日本、英国等也很重视测土施肥技术应用于甜菜生产,并建立了相应的管理措施。目前,国外的测土施肥已经进入了以产量、品质和生态环境为目标的科学施肥时期,我国甜菜生产施肥水平低且存在盲目性,对甜菜生产和生态环境产生了不同程度的影响。

2. 我国甜菜种质资源匮乏、遗传基础狭窄、研究水平落后、育种水平低

我国属甜菜非起源国,资源多为国外引进或雨中材料间杂交创制而得,很难突破种质资源匮乏、遗传基础狭窄的育种困境。此外,科研经费不足、研究队伍不稳定、研究手段落后,致使我国的育种水平和国外品种产生了较大的差距。近年来,我国的甜菜育种重点也转入了杂交类型品种,特别是细胞质雄性不育系单胚型品种的选育工作,并取得了较大进展,但是在种子加工方面还存在明显的差距,总体水平比欧美等先进国家落后20年左右。

3. 缺乏对甜菜病虫草害的科学防控

欧美等先进国家对甜菜病虫草害等植保问题始终坚持长期和系统地研究,不断改进和提高病虫草害的预测和综合治理技术。在种子药剂处理技术方面相当完善,减少了农药的用量和对环境的污染。我国由于历史原因,缺乏研究人力和财力,造成甜菜产业植保技术研发水平很低。对国内病虫害发生情况缺乏系统调查研究和检测,防治技术落后,对于一些病害的化学防治多数还停留在20世纪90年代的水平,没有开展有害生物群体的抗药性变化监测,由于甜菜面积小且年度间波动大,农药企业投资在甜菜上应用登记的积极性不高,造成可选择的药剂十分有限。

4. 甜菜研发队伍不稳定、资金不足

在欧美等发达国家,由农业管理部门、大学、制糖公司和种植者共同组成强大的甜菜产业技术研发力量,队伍相对稳定。我国长期缺少对甜菜技术研发的稳定经费支持,政策

调整频繁,一些原有从事甜菜技术研究的人员被迫转行。目前从事甜菜研究的科技人员较少且分散,许多企业无专门的技术人员,一些先进的生产技术难以推广落实。

三、糖料作物发展趋势及展望

我国食糖产量世界第三,消费量世界第二。"十一五"期间我国食糖总产量实现 5858 万吨,较"十五"期间增加了 32%。在全国食糖产量增长的同时,食糖消费量也表现出强劲增长势头,预计"十二五"期间全国食糖消费有望突破 7000 万吨。尚有 300 余万吨/年的消费缺口依赖进口,这将对我国的制糖工业产生压力。在食糖需求不断增大的形势下,本学科的研究工作任重而道远,需要有一支稳定的科技队伍,构建核心种质资源,培育出生产急需的品种并占领市场大部分份额,实现生产区域化、集约化、规模化,栽培技术将营养平衡施肥、精准农业、智能化农业技术高度集成,病虫草害监测和综合防治技术形成体系。

(一)甘蔗发展趋势及展望

通过不断引进新种质,拓宽甘蔗的遗传基础,选育高产、高糖、抗逆性强,宿根性强的品种仍将是甘蔗品种选育的趋势,能源专用甘蔗品种和糖能兼用甘蔗品种的选育将成为一个重要的方向。环境友好、投入产出比高的轻减技术应用将成为甘蔗生产的配套技术措施。

1. 选育适宜机械化生产的品种

甘蔗生产的机械化将是我国甘蔗产业存在和发展的必由之路,也将对甘蔗的品种、栽培和植保等提出新的要求。育种者要根据品种需求趋势调整好育种思路。要从筛选具有这些性状的亲本开始,从亲本选配,组合评价,无性系评价和鉴定都围绕这些要求来选择,并且要把无性系材料尽早地在全程机械生产的条件下选择,在全程机械生产的条件下选育高产高糖宿根性强品种,用经济遗传值来评价品种,使育成的品种对全产业的贡献大,适宜机械化品种的育成将会促进甘蔗生产机械化的进程,减少因行距加大后机械化生产对现有品种产量降低的不利影响。

2. 推进甘蔗生产全程机械化

机械化是我国甘蔗发展的必然趋势,而且随着近年劳动力成本提高,显得非常紧迫。甘蔗生产全程机械化已得到政府农业主管部门、企事业和研究单位的共识,"十二五"国家甘蔗产业体系把"甘蔗收获机械化关键技术研究与示范"列为体系的重点任务。现有的策略是在进行相关研究的基础上,引进国外成熟机型在国有大型甘蔗生产农场如农垦系统等进行机械化生产配套技术试验和示范,带动专业户的应用和示范,推动农机合作社和服务公司的设立运营。

3. 推广环境友好轻减技术

由于甘蔗品种对各种除草剂的敏感性不一样,施用不当将造成危害,因而进行甘蔗新品种对除草剂的敏感性试验,提供针对性的杂草防治方案很有必要。此外,通过施用甘蔗专用肥及新型控缓释肥来减少耕作次数和施肥量也是轻减的重要技术手段。

在我国,滥施、多施农药现象十分严重,既造成人力物力的浪费,又污染环境,破坏生态平衡。推广应用抗病品种和健康种苗,加强甘蔗害虫的监测预报,适期施用针对性的高效低毒农药,或施用生物农药、性诱迷向剂、诱杀和释放赤眼蜂等环境友好措施,维持生态平衡,实现生产可持续发展。

4. 全面应用脱毒健康种苗

育种单位对外提供的原原种、原种必须是脱毒的健康种苗,种苗繁育单位必须按健康种苗繁育的要求进行种苗的生产,制糖企业要为蔗农提供必要的进行温水脱毒的设施设备和技术服务,逐步降低病害的环境压力。政府主管部门要为甘蔗优势主产区建设若干个甘蔗健康种苗示范项目区,开展健康种苗扩繁补贴试点,通过试点示范,加快扩繁和推广应用甘蔗脱毒健康种苗,逐步建立健全甘蔗脱毒健康种苗育、繁、推三级扩繁体系;制定甘蔗脱毒健康种苗标准化生产技术规程,加强对健康种苗扩繁生产各环节的监督管理和种苗质量检测,逐步提高脱毒健康种苗供种能力,为探索实施甘蔗良种补贴奠定基础。

(二)甜菜发展趋势及展望

保护种质资源并大力引进欧美育种材料加以创新利用,提高品种的抗性和产量,加强雄性不育单粒型丰产性甜菜品种选育,注重甜菜工艺品质的选育,提高甜菜种子发芽率、注重品种根型的选择,加强能源甜菜遗传育种及高蓄能机理与调控研究,打破国外甜菜品种在生产上占主导地位的局面;探索甜菜根产和含糖同步提高的栽培技术及病虫草害防控技术、激素相互作用对甜菜生长发育、蔗糖代谢调节的生物化学作用;建立气象因素响应的数学模型;开展土壤水分动态对甜菜营养吸收利用机制、甜菜光合作用的数学解析模型、光合作用与株型的关系等研究,为甜菜优质高产高效低成本生产奠定坚实的研究基础。

参考文献

[1] Deng Zuhu, Zhang Muqing, Lin Weile, et al. Analysis of disequilibrium hybridization in hybrid and backcross progenies of *Saccharum officinarum × Erianthus arundinaceus*[J]. Agricultural Sciences in China,2010,10(9):1271-1277.

[2] 路明. 发展甘蔗燃料酒精的建议[J]. 作物杂志,2007(3):1-3.

[3] 邓祖湖,徐良年,韦先明,等. 经济遗传值在甘蔗选育种的应用研究 I. 经济遗传值及性状经济权重的确定[J]. 中国糖料,2011(1):39-43.

[4] 张新广,余龙颜. 华智甘蔗健康种苗推广应用浅析[J]. 福建热作科技,2011(2):57-59.

[5] 庞昌乐,区颖刚. 我国甘蔗收获机虚拟样机技术研究现状与展望[J]. 农机化研究,2011(7):225-228.

[6] 苏火生,刘新龙,毛钧,等. 割手密初级核心种质取样策略研究[J]. 湖南农业大学学报:自然科学版,2011(3):253-259.

[7] 段惠芬. 几个含云南野生血缘的亲本组合(云瑞06系列)后代表现及评价[J]. 甘蔗糖业,2011(2):30-33.

［8］黄文清.发挥国有农场优势　加快甘蔗生产机械化进程［J］.广西农业机械化,2011(2):10－11.

［9］肖宏儒,王明友,李显旺,等.我国甘蔗机械化收获现状与技术途径研究［J］.中国农机化,2011(3):14－15.

［10］廖平伟,张华,罗俊,等.关于我国甘蔗机械化收获的思考［J］.中国农机化,2011(3):26－29.

［11］徐艳丽,陈志,王成龙,等.博乐市甜菜膜下滴灌高产高糖栽培技术［J］.中国糖料,2010(02):62－63.

［12］沙红,王燕飞,高文伟,等.甜菜离子注入诱变高糖性状的 QTL 分析［J］.中国糖料,2010(03):27－28.

［13］王茂芊,吴则东,陈丽,等.利用 SRAP 分析东北地区甜菜品系遗传多样性［J］.中国糖料,2010(02):4－8,11.

撰稿人:陈连江　邓祖湖　林彦铨

特用作物科技发展研究

本报告主要介绍了特用作物大麦、食用豆及燕麦和荞麦近两年的科技发展现状,认真回顾、总结和科学客观地评价近两年的新进展、新成果、新观点、新方法和新技术;研究分析本学科的发展现状、动态和趋势,以及我国与国际水平的比较;立足全国,跟踪本学科国际发展前沿,展望未来发展前景和目标,提出本学科的前景和目标。

一、特用作物最新研究进展

(一)大麦最新研究进展

1. 大麦种质资源与遗传基础研究不断深入

最近两年来,我国在大麦种质资源研究利用方面,引进国外大麦种质资源1047份,鉴定编目130多份,进行国家中期库繁种和变种分类性状补充调查1100份,合格入库1276份,向全国提供种质利用2537份次。重点开展了强抗逆性、氮磷高效利用和高功能成分等种质资源的鉴定与创新。筛选出强耐旱种质15份、强耐酸种质30份、强抗寒种质20份、氮高效种质5份、磷高效种质6份、高生物碱含量种质17份、高r-氨基丁酸种质7份、高黄酮种质9份,高β-葡聚糖种质3份和高淀粉酶活性大麦种质9份。创制出超高产抗病、优质抗逆、优质抗病等各类杂交育种材料30多份和多个性状的QTL定位群体与近等基因系。

2. 育种技术和育成品种达到国际先进水平

在育种技术方面,通过大量的实验研究,优化了大麦加倍单倍体植株诱导及试管苗移栽技术,将大麦小孢子培养的植株诱导率和试管苗移栽成活率提高到85%以上,建立了大麦单倍体细胞水平的胁迫筛选技术。利用云南得天独厚的自然立体气候生态条件,研制出大麦1年3代杂交育种及良种繁育技术。运用这两项技术,可以在1~2年内,使杂交育种后代迅速稳定,比传统育种方法缩短了4~5年,成功解决了大麦杂交育种中,后代稳定慢、育种周期长的关键技术问题。

在新品种选育方面,利用大麦青稞产业技术体系亲本的组织优势,建立了南方冬大麦和北方春大麦区域试验网、青藏高原青稞区域试验网以及南方高海拔大麦育种夏繁加代试验基地,加大引种力度,采用阶梯杂交方式,丰富亲本遗传背景。共计配置杂交组合5800多个,鉴定升级后代株系10万多个,提供参加省、区和国家区试品系100多个,生产试验品系30多个,通过省级审(认)定各类专用大麦新品种16个,包括甘啤6号、甘啤7号、扬农啤7号、浙大9号、龙啤麦2号、新啤6号、空诱啤麦1号、海花1号和冬青17号等。申请品种权6个,获得品种权7个。

根据全国各省区的大麦品种比较、区域试验和生产示范试验结果,近两年来我国选育的食用、饲用和啤酒大麦专用品种,产量潜力在 320～700kg,比对照增产 6%～31.9%,抗病性和抗逆性均明显好于对照品种。

3. 高产优质高效栽培技术集成与生产示范成效显著

通过开展生产推广及新育成品种调查,筛选出适合不同产区种植的饲用、食用(青稞)和啤酒大麦专用大麦品种,进一步根据品种的特征、特性,针对区域耕作制度,在各个主产区的不同海拔高度和生态条件下,进行施肥期、施肥量、肥料配比、灌水期、灌水量、收获期以及病虫害防治等多因子试验,优化完善了大麦高产、优质、高效栽培技术方案,分别编制出黑龙江、内蒙古、浙江、云南、甘肃、青海、新疆、西藏等主产省区有关啤酒大麦、饲料大麦和青稞优质高产高效生产技术规程或标准,并用于生产指导和技术培训,显著提高了专用大麦的产量,改善了生产质量,降低了生产成本,彻底扭转了以往大麦科研工作中栽培无人搞,生产中只有品种而无配套栽培技术,只重产量、不重品质的落后局面。

(二)燕麦、荞麦最新研究进展

1. 种质资源

近几年,在燕麦、荞麦种质资源方面重点开展了全国性补充征集、实地考察和国外引种工作,新增燕麦、荞麦资源 700 多份。在新收集的资源中,包括了一些新的物种,如燕麦二倍体种 *Avena strigosa*,进一步丰富了物种多样性和遗传多样性。为促进燕麦、荞麦种质资源利用和管理,开展核心种质构建研究,已经选择出 458 份燕麦核心种质和 166 份苦荞。目前正在对这些核心材料进行多点鉴定和利用。在农艺性状鉴定方面,重点开展与品质、抗病、抗逆相关的性状鉴定,为育种和其他研究筛选优良材料。与此同时,有关单位还开展燕麦、荞麦种质创新工作,通过远缘杂交等手段,创制了一些新材料,已经在育种中发挥了作用。

2. 遗传育种

近几年,在国家、地方燕麦和荞麦有关项目的支持下,国内各有关单位加强了燕麦、荞麦的育种工作。针对生产和加工需要,调整了当前育种目标,包括品质育种,培育加工专用品种,也增加了皮燕麦育种,并取得了积极进展,如 2010 年审定的"坝燕 1 号"。在育种技术方面,主要采用杂交育种,但也开展了组培育种、分子标记辅助育种技术研究。为加强适应性选择,开展燕麦、荞麦选育材料的多点鉴定。

3. 分子生物学

分子生物学是当今生物研究的重要技术手段,在燕麦、荞麦研究中得到了广泛应用,主要体现在分子标记遗传多样性分析、优异特性及其基因发掘以及分子标记辅助育种研究。近年来,主要利用 AFLP 等分子标记分析燕麦、荞麦资源的群体间遗传多样性,分析不同种间以及品种内的遗传差异。

4. 栽培学与生态学

近几年,主要开展了燕麦和荞麦不同品种的种植密度、不同施肥量的栽培技术研究,节水栽培技术研究,提出了一些新的燕麦和荞麦栽培管理措施。开展了燕麦免耕栽培技术研究,提出了有利于蓄沙固土、提高土壤水分和节省投入的技术措施。调查了燕麦和荞麦主要病虫害种类和发生规律,开展了主要病虫害的防控措施。此外,在种植制度、轮换倒茬等方面也开展了一些研究,如燕麦－马铃薯间作和倒茬技术,燕麦双季栽培技术等,在内蒙古、河北等地开展了推广应用。

(三)食用豆最新研究进展

食用豆是指除大豆以外,以收获籽粒为主,兼做蔬菜,供人类食用的豆类作物。初步证明有医用活性的食用豆主要有绿豆(*Vigna radiata* L.)、小豆(*Vigna angularis* L.)、鹰嘴豆(*Cicer arietinum* L.)、普通菜豆(*Phaseolus vulgaris* L.)和饭豆(*Vigna umbellata* L.)等。食用豆营养丰富,蛋白质含量高达 20.4%～30.7%,淀粉含量达 48.6%～60.7%,维生素和矿物质含量也相当高。此外食用豆还含有黄酮、皂苷和酚类等,可缓和血糖吸收,调节胰岛素释放,抑制血糖水平提高,因而被推荐为糖尿病患者食用。

1. 种质创新和新品种选育研究成果颇丰

近年来,选育出了一批优质、高产、商品性好、适宜外贸出口的芸豆、绿豆、小豆、蚕豆和豌豆等新品种。如:吉林省农科院等单位育成了"公绿 1 号"、"公绿 2 号"、"吉绿 3 号"、"吉绿 4 号"、"大鹦哥绿 522"、"大鹦哥绿 935"、"白绿 6 号"等绿豆新品种和"吉红 6 号"、"吉红 7 号"、"白红 3 号"等红小豆优良品种。这些新品种具有覆盖区域广、产量增幅大、营养和商品品质突出、类型多、早熟性好等特点。此外,通过搜集鉴定来自世界各国的5000 多份种质资源,筛选出了抗豆象栽培品种 V2709、V2802 和野生种 TC1966,并用常规杂交育种方法,培育出农艺性状较好的抗豆象新种质。

2. 高效丰产栽培技术研究进展显著

豌豆丰产栽培技术规程:以生产高产、优质加工原料为主要目标,围绕符合干籽粒膨化加工的原料外观指标和品质指标的标准,研究制定以施肥标准、收获期以及收后干籽粒干燥方法为主要因子的干籽粒高产高效生产技术规程。该规程对改进豌豆粗放栽培方式,大幅度提高产量,提高商品率,优化豌豆产业化链条将起到积极的推动作用。

豌豆旱地高效栽培技术规程:从选地整地、精选种子、合理施肥、适期播种、田间管理、病虫害防治、及时收获等方面出发,研究出旱地高效栽培技术规程。

高寒地区旱地绿豆地膜覆盖高产栽培技术:从播前整地施肥、播前准备、播种时期、覆膜播种、播量、合理密植、田间管理、病虫害防治、适时收获等方面规范了高寒地区旱地绿豆地膜覆盖的高产栽培技术要点。

棉花绿豆套种生产栽培技术规程:针对目前杂交棉面积迅速扩大,棉花生长前期光能、地力浪费较大的情况,利用绿豆生长期短、耐阴、耐瘠、适宜间套种等特点,从选地、整地、品种选择、播前处理、播种及田间管理等方面对高产高效种植样式进行了研究与集成。

3. 食用豆功能成分研发及功能食品配料技术研究取得成果

当前食用豆功能成分研究主要涉及降血糖功能活性评价及相关活性成分鉴定。普通菜豆可缓解糖尿病症状,其功能因子可能为生物碱、类黄酮、纤维、蛋白、单宁、三萜、皂苷、槲皮素、花色苷及儿茶素。绿豆及绿豆芽的乙醇提取物可降低Ⅱ型糖尿病模型小鼠血糖水平,其降血糖功能因子可能为牡荆素和异牡荆素。小豆水提富集物可缓解糖尿病模型鼠的高血糖症,但降糖功能因子尚未得到确认。有关鹰嘴豆降糖物质基础的报道涉及其全粉、异黄酮提取物及正丁醇提取部位,它们均可显著降低模型小鼠的血糖水平。白芸豆提取物能缓解糖尿病症状,但该提取物的分离鉴定工作还有待进一步开展。

二、特用作物最新重大成果

(一)优质高产大麦品种选育与实用

在农业部、科技部和财政部的大力支持下,2010—2011 年,随着国家公益性行业(农业)科研专项"食用、饲用和啤酒大麦品种筛选及生产技术研究"和国家科技支撑计划项目"专用型大麦新品种选育与规范化生产技术集成示范"以及一些国家自然基金项目的完成和通过验收,特别是随着国家大麦青稞体系的建设和顺利运转,我国的大麦科研工作取得了较好的进展。据统计,两年来共育成省级审(认)定的专用大麦新品种 16 个,申请国家品种权保护 6 个,获得品种权 7 个。申请国家发明专利 10 项。获得省部级科技进步奖 6 项,其中:一等奖 1 项,二等奖 2 项,三等奖 3 项。研究取得的"优质高产啤酒大麦新品种甘啤 4 号选育与推广"、"啤酒大麦新品种甘啤 4 号引种选育及推广"、"高产抗倒啤酒大麦新品种苏啤 3 号的选育与应用"、"啤酒大麦垦啤麦 7、8 号及栽培技术推广"、"冬青稞新品种冬青 11 号选育"等技术成果,分别获得甘肃省科技进步奖一等奖、内蒙古自治区科技进步二等奖以及江苏省、黑龙江省和西藏自治区科技进步奖三等奖。

(二)燕麦、荞麦综合研究正在形成新的成果

我国在燕麦和荞麦研究和产业发展方面取得巨大进展,收集保护种质资源 7 千多份,培育了坝莜系列、坝燕系列、晋燕系列、蒙燕系列、白燕系列等大批新品种,建立了燕麦、荞麦现代产业技术体系,大幅增加了燕麦、荞麦研发经费,稳定了人员队伍,极大提高了燕麦、荞麦研发水平。

三、特用作物国内外研究比较

近年来,由于食物结构变化和健康需求以及工业和医药领域的发展,国内外对特用作物的研究与发展得到进一步的重视与发展。如大麦不但是重要的粮食作物,制成米、面,而且还是酿造啤酒和酒精的重要原料。国内外在大麦籽粒、茎秆的饲用营养与加工,大麦的药效价值等方面进行了较为深入的研究。我国虽然在种质资源、育种、栽培等研究利用方面取得了明显的进展,但与国际先进水平相比与现代发展需求要求相比还有较大的差距。

在燕麦和荞麦的研究和开发方面,美国、加拿大、欧洲一些国家的水平较高。燕麦资源收集较多的国家有加拿大、美国、德国、俄罗斯等国家;荞麦资源收集和保护较多的国家有中国、日本、加拿大、俄罗斯、乌克兰等国家。燕麦育种水平较高的有美国、加拿大、瑞

典、英国等,生产上应用的品种多为皮燕麦,单产可达 $3\sim4t/km^2$;我国燕麦育种水平处于中等偏上,通过系统选育、杂交育种、国外引进等途径,已经拥有一系列高产品种,生产水平可达到每公顷 2 吨以上。荞麦育种水平较高的国家有日本、加拿大、俄罗斯、乌克兰等国家,我国荞麦育种处于中等水平,甜荞品种从日本引进了一些品种,并进行改良和应用,但我国苦荞育种水平较高。在生物技术方面,美国、加拿大、巴西等国家利用分子标记,包括 SSR、SNP 等开展燕麦种质资源评价、构建连锁图谱、发掘基因标记研究,我国也在积极追赶,正在大量开展利用 RAPD、AFLP、SSR 等分子标记的遗传多样性分析、有用基因的发掘和分子标记辅助育种工作。在燕麦营养和功能成分分析、健康食品开发方面,美国、加拿大具有领先优势,我国在荞麦健康食品开发方面具有领先优势。

在食用豆方面,目前国内食用豆技术研发主要集中在新品种选育、栽培技术研究、功能成分研究及产品深加工等方面。近年来,培育出了一批优质、高产、商品性好的食用豆品种,并制定了相关高效丰产栽培技术规程。同时开展了食用豆功能降血糖活性评价及功能因子探究的相关工作。

国外的研究工作包括资源遗传多样性研究、各种间亲缘关系分析、主要农艺性状基因定位、起源与演化研究、遗传连锁图的建立等。日本是世界上食用豆研究较先进的国家,收集有小豆资源 3000 余份,芸豆资源 2000 余份。日本、泰国、印度等东南亚国家逐步开展了绿豆、小豆等的现代分子遗传学研究;而加拿大、叙利亚、哥伦比亚等国家科研人员也开展了蚕豆、豌豆等的基因组学研究。巴西、日本、韩国、印度及东南亚一些国家针对绿豆、红小豆品种资源收集、分析、鉴定及利用方面做了大量工作。"亚蔬中心"已收集整理绿豆品种资源 1 万余份,培育出一批"VC"系列高产抗病新品种。日本已培育出一大批高产、优质红小豆新品种,且在红小豆组织培养及单倍体育种上获得较大进展。此外,国外在栽培技术研究、土壤肥料施用、病虫害防治、机械化收获等方面的研究也取得了较大进展。澳大利亚在食用豆分子遗传研究方面,居世界领先地位,先后进行了抗豆象基因遗传规律、抗虫基因主效位点分析、绿豆遗传连锁图谱构建、豆类比较基因组学研究等。

四、特用作物发展趋势及展望

(一)市场需求稳步增长

随着生活水平的提高,人们对健康食品的需求不断增加。大麦、燕麦、荞麦、食用豆是重要的健康食品来源,因此市场需求量会增加,种植面积保持稳定并有所增加,单产水平不断提高。国内的燕麦产量不能满足需求,将大量进口澳大利亚等国家的燕麦。

(二)研究投入稳步增加

随着市场需求的发展,国家对大麦、燕麦、荞麦、食用豆等特用作物研究和发展的投入也会不断增加,特别是以企业为主的研发投入将大幅增加,研究队伍不断壮大,先进的研究技术如分子技术将在大麦、燕麦和荞麦上得到更广泛的应用,研究能力和水平在 $3\sim5$ 年有明显提高。

（三）多用途潜力进一步发挥

大麦、燕麦和荞麦又都是极好的家畜饲草、饲料，燕麦还是化妆品原料，荞麦皮也是制作枕头的原料，食用豆是保健产品的主要原料，产品价值都很高。这些特用作物的多用途发展也将为农民带来更多的收入。

根据特用作物的市场发展需求和学科发展特色要求，要进一步加强基础研究高新技术和科技支撑的关键技术突破，特别是要进行以产品为导向的新产品的研发，促进麦产业健康发展。同时围绕产业发展进行种质创新和育种工作，重点开展种质创新和育种方法与技术研究、优质高效栽培技术的创新研究，为特用作物的产业化提供技术支撑。

参考文献

［1］陈志伟,等.不同基因型大麦苗期耐低氮性状与产量性状的相关性［J］.麦类作物学报,2010,30(1):158－162.

［2］何庆祥,等.甘肃河西灌区啤酒大麦滴灌栽培技术［J］.大麦与谷类科学,2010(3):26－27.

［3］李洁,等.大麦品种权授权情况分析［J］.大麦与谷类科学,2010(3):7－10.

［4］李健,丰先红,杨开俊.青稞丰产栽培配方施肥的研究［J］.大麦与谷类科学,2010(3):30－33.

［5］乔海龙,等.施氮量和种植密度对苏啤4号产量性状的影响［J］.大麦与谷类科学,2010(1):17－20.

［6］普晓英,等.低磷胁迫下大麦磷高效基因型的筛选［J］.生态环境学报,2010,19(6):1329－1333.

［7］强小林,等.西藏青稞β-葡聚糖生理功效、提取利用技术与功能食品开发研究［J］.西藏科技,2010(3):1－5.

［8］任又成,等.高β-葡聚糖昆仑13号青稞新品种栽培技术［J］.农业科技通讯,2010,(10):177－178.

［9］王仙,等.大麦籽粒生育酚含量的基因型和环境变异研究［J］.麦类作物学报,2010,30(5):853－857.

［10］徐曙,廖大标.大面积啤酒大麦优质高产栽培技术［J］.大麦与谷类科学,2010(1):53－54.

［11］赵春艳,等.大麦麦芽总黄酮类化合物含量的测定分析［J］.植物遗传资源学报,2010,11(4):498－502.

［12］赵春艳,等.不同大麦品种(系)营养功能成分差异比较［J］.西南农业学报,2010,23(3):613－618.

［13］张少泽,等.豫南地区大麦田间化学除草技术［J］.大麦与谷类科学,2010(2):46－47.

［14］朱彩梅,张京.大麦糯性相关基因Wx单核苷酸多态性分析［J］..中国农业科学,2010,43(5):889－898.

撰稿人：张　京　张宗文　杨修仕　郭刚刚　赵　炜

秦培友　么　杨　任贵兴　吴　斌

ABSTRACTS IN ENGLISH

Comprehensive Report

Report on Advances in Crop Science

Crop production is the main component of agriculture production system, which maintains the basic requirements of human life and is one of the most important fields in the national economy development. Therefore, crop science is at the core of agriculture science. The advance of crop science directly affects people's daily life and living quality and is essential for social-economical development. The two major secondary discipline of crop science are Crop genetic breeding and Crop cultivation. The former produces high quality seeds that generate high yield and good quality varieties for crop production, while the latter guarantees proper farming, cultivation, and reasonable field administration for crop to display their genetic potential. Therefore, the development of the two disciplines are inter-dependent on each other and are both indispensable for our national food security.

The current report is a continuation of 2009 – 2010 Reports on Advances in Crop Science. It gives a careful retrospect, comprehensive summary, and objective evaluation toward the new progresses, achievements, academic opinions, novel ideas and methods taking place in the last two years. It summarizes the progresses in discipline development, research team construction, and basic research platform development. It also reports the most recent progresses and significant science and technology achievements and their contributions to the development of sustained agriculture, the national food security, ecological safety and farmers' income increase. The report deeply analyzes the status, dynamics, and trends of crop science development and performs a comprehensive comparison between national and international crop science studies. It closely follows the most recent progress of the crop science in the world, prospects the future development between 2012 and 2030, and predicts the trend and direction of crop science development in our country. The report comprehensively describes the major new progresses, significant sci-tech achievements, national and international developing status and future developing trends in the two secondary disciplines and specifically in rice, wheat, corn, soybean, oil rapeseed, tubers, fiber crops, millet, sugar beat, and special crops.

The period of 2010 – 2011 is the end of the "11th five year plan" and the beginning of the "12th five year plan", a stage of fast growth in crop production and crop science. Under the support of the national "973" basic research program, the "863" high tech program, sci-tech supporting program, and national science foundation, some major progresses and achievements were obtained in crop science and technology and contribute significantly in guaranteeing food security and agri-product supply, overcoming the negative effect of abnormal climate, and maintaining a sustainable socio-ecological environments. In the past two years, a series of key programs, such as the transgenic variety breeding project, the national harvest engineering project, the high crop yield project, have effectively pushed forward the crop science development and technology innovation, significantly elevated research capability, and achieved consecutive national gross crop production, and for the first time in the history reached the record of more than 5. 4 billion tons. Despite the significant progress in the past two years, the overall development level of our national crop science and technology still has a certain distance to those in the developed countries. This is reflected in the lack of sufficient original creativity and the relative low self-innovation capability. There are still spaces to the international frontier in terms of science and technology support and reservation.

Therefore, to facilitate our national crop science construction and development, to rapidly raise the overall developing level and innovation capability, to reduce the distance to the developed countries, and eventually to achieve a great leap in crop science development for the national food security, social and ecological safety, farmers' welfare, and a sustainable modern agriculture will be the ultimate goal of our national crop science development.

Written by Wan Jianmin,Zhaoming,Ma Wei,Mao Long

Reports on Special Topics

Report on Advances in Crop Genetics and Breeding Science

With the support of National "973", "863" and other Science and Technology programs, over the two years (2010 - 2011), selection of fine varieties and genetic breeding of crop in our country gain new headway ceaselessly and they provide the development of crop breeding with powerful backup.

Through the penetration, exchange and integration during the related subjects, a variety of modern biological breeding technology developed rapidly and we gained new development and achievement in new crop varieties breeding, genetic theory and breeding technique and the formation of great achievement.

Many new species for agricultural produce have been fostered successfully. The new species which are approved and have much better market competitive power have reached 900 and they have played a powerful role in production.

Gene-explore and functional verification of important traits have made remarkable progress. Exploitation of new functional molecular markers has entered a practical stage. Main crops molecular markers system increasingly improved and breeding level increased significantly. Molecular design breeding theory and technology system has put into practice.

Written by Wan Jianmin, Ma Youzhi, Li Xinhai

Report on Advances in Crop Cultivation Science

During 2010 - 2011, Crop cultivation science has been studying for high yield, good quality, high efficiency, ecological and safety production. We have carried out the research of crop high production and benefit and modern technology, and have got remarkable achievement. Great achievements in super high-yielding cultivation, mechanized cultivation, high efficient utilization of resources and adverse resistance cultivation have been gained. Many models of super-high yield which break the local record come forth.

Science and Technology Project for Food Production is driven effectively grain production. This project has driven forward the level of production in major grain-producing provinces up to the nation effectively, promoted good efficient utilization of fertilizer and water resources, reduced the environmental pollution, given a big boost to the agricultural synergism and increasing peasant income and made the contribution for the safeguard country food security.

The project named "High productivity and efficiency production theory and technique system" has gained second-class prizes of state scientific and technological progress. The project result has been promoted in 76 demonstrative county of Science and Technology Entering the Village Residence and 16 maize provinces, and gained obvious social and economic benefit.

Research of Crop exact quantitative analysis has been made great progress. As the research of growing process, population dynamic index, exact quantitative cultivation technique moved forward, we promote the quantification and precise of scheme design of cultivation and growth trends diagnosis.

The informational technique of crop cultivation has taken a great break. Over the past two years, quantitative design of crop cultivation formula, spectrometry test of crop growth index, the prediction of crop productivity simulation have made remarkable progress and promoted the development of digital farming in our country.

Written by Dai Qigen, Zhang Hongcheng

Report on Advances in Rice Science and Technology

During 2010 – 2011, rice breeding, molecular biology and cultivation technique have obtained significant progress.

800 new varieties have been examined and approved. Their yield and quality improved obviously. 21 new species of super rice has been confirmed in the past two years. Study on the origin and evolvement of rice has made major advances. Essence of resource phenotypic characterization is becoming more and more important.

In rice cultivation, the research and application of mechanized and accurate quantify cultivation have been intensified. The technology and method of rice transplanting, efficient utilization of fertilizer and water, early-warning and countermeasure of stress and introducing dynamic monitoring have made remarkable progress. The level of quantitative, essence and information improved remarkably.

Written by Cheng Shihua,Cao Liyong,Guo Longbiao,
Wei Xinghua,Zhu Defeng,Jiang Yunzhu,Pang Qianlin

Report on Advances in Corn Science and Technology

Corn is one of the most important food crops in China. It is estimated in the next decade the demand of corn in China will be 0. 222 billion tons. The great potential of corn genetic resources should be fully explored and high production and high efficiency technology of corn should be fully used to improve the production capability and productivity of China's corn crop and enhance the market competitiveness of China's corn products, which is the strategic choice of sustaining development of China's agriculture for a long period in the future. The corn research should be based on international front of the basic research of corn biology to study significant issues about corn genetics, molecular biology, cultivation physiology and utilization of hybrid vigor of corn. To sum up, emphasis should be put on the researches about the great demand of China's corn production.

Written by Li Haibin,Li Jiansheng

Report on Advances in Wheat Science and Technology

Wheat is the third leading crop in China, with production of 112 million tones annually. The development includes increasing investment in wheat research such as the approval of CGIAR new project WHEAT, slovent retention capaciety (SRC) testing in predicting flour functionality in different wheat based food processes and in wheat breeding, identification of durable resistance genes such as Yr 18 which also shown resistrance to leaf rust and powdery mildew, wheat blast in latin America, and publish of the World Wheat Book Volume 2, A History of Wheat Breeding. Development of wheat technology in China is characterized with popularity of new wheat varieties Jimai 22 and Aikang 58, each with around 2 million ha per year. 6VS/6 AL translocation and synthetic wheat have been successfully used in developing new varieties. The future strategies include improving yield potential and adaptation to climate change, with expectation that molecular markers and GMO will play a key role within next ten years.

Written by He Zhonghu

Report on Advances in Soybean Science and Technology

Soybean is an important source of edible vegetable oils and protein, also a major source of dietary protein. As a big country of soybean production, the yield and area ranks fourth in the world. At present, the planting area in China is about 8. 5 million ha, total production is 15 million tons. Although China is the world's soybean production and consumption, also a major importer. China's soybean consumption up to 80% of international dependence, currently imports more than 54 million tons of soybean. Subject to import soybean and compares benefit to drop and other factors, planting soybean enthusiasm of farmers in main producing areas continue to weaken, the soybean industry is facing very grim challenge. Therefore, to increase soybean production capacity and effective supply is an important task for China's current and future development of agricultural production and food safety. Under the background of the decrease of arable land, the shortage of water resources, deterioration of ecological environment, frequent occurrence of natural disasters in China, to develop soybean production is very formidable. Because of the potential to expand soybean planting area is very limited, so the fundamental way of developing soybean production is rely on progress of science and technology greatly to increase the yield per unit area. In recent years, soybean science research has made good progress and is the key measures to increase soybean production and supply. This article outlines major advances of soybean technology in China.

Written by Han Tianfu, Zhou Xin'an, Liu Lijun,
Wang Yuanchao, Hu Guohua, He Xiurong

Report on Advances in Tubers Science and Technology

Tubers are also called rhizome crops, mainly including sweet potato, potato, yam, taro, etc. , among which sweet potato and potato are China's main food crops. They can be used for food, dishes, forages, and even for industrial raw materials. In recent two years, our R& D ability is developing rapidly, and some technologies have reached the leading level in part of the field in the world, and the science gap between tubers and other crops is narrowing gradually.

It is in 2010 and 2011 that tuber industry developed quickly. The breeding of new tuber variety began to change, for instance, variety for special usage increased; the cultivation technique of adjusting to local conditions is popularized; the seed tuber production technology was improved; small sized agricultural implements were improved consecutively with more types; storage technology developed fast; the potato biotechnology and main technologies for preventing and curing potato diseases were more widely used.

In recent two years, greater progress have been made in the field of sweet potato technology, concerning germplasm resources, inheritance breeding research, molecular biology research, nutrition, fertilizing, farming and cultivation, sweet potato processing, and pest and disease control research.

Written by Wang Fengyi,Cao Qinghe,Wang Peilun,Li Qiang,Ma Daifu

Report on Advances in Oilseed Crops Science and Technology

Oilseed crops are important source of edible vegetable oils and proteins and important industrial raw materials. The oilseed crops have played a crucial role in agricultural production and development of national economy in China. The major in China have also played important role in the global oilseed production. In recent years, reseach on genetic enhancement of the major oilseed crops, genomic sequencing in cabbage and rapeseed, production technology, plant protection, mechanization, and efficient processing and quality detection techniques in China have been progressed well. These achievements have contributed to the oil industry development. Further research efforts will be made for genetic enhancement for the major oilseed crops with special emphasis on high yielding, high oil content and high production efficiency. More efforts will also be made for improving the production system in particular for mechanized production technology combined with improved agronomic approaches for major oilseed crops.

Written by Wang Guangming,Liao Boshou,
Yin Yan,Zhang Haiyang,An Yulin,Dang Zhanhai

Report on Advances in Millet Crops Science and Technology

Scientific and technological progress and innovation on germplasm management, molecular biology, cultivar breeding, cultivation, pest and disease control, and food processing of millet crops in China, including foxtail millet and proso millet, were reported in review. Core-collections of both foxtail and proso millet were primarily constructed and new lines with imazethapyr herbicide resistance were developed. Thirty-eight foxtail millet and 9 proso millet cultivars were released to farmers. Foxtail millet hybrid lines have been applied in large scale. Techniques in machinery sowing, chemical seedling and machinery harvesting were improved so as to make a simplified cultivation for labor saving. The draft sequence of foxtail millet was released in the spring of 2011, which promotes functional genomic study of this crop. Thirty-six disease resistant related genes were cloned based on its orthological R gene filmily, SSR genetic maps were constructed and some QTL loci were identified. The number of volatile components was characterized to be more than 51. Relationship between foxtail millet grain quality and sowing time were analyzed. Methodology of foxtail millet alcohol beverage, edible fiber, ready to eat pudding, noodles and beer etc. were on the way of development. Two invention patents have been obtained and another four in application.

The main objective in the last decade is to develop new varieties with high yielding, herbicide resistance, suitable for mechanized processing through methodology and gerplasm innovation and also basic research, to develop machinery-agriculture combined simplified and efficient technology, to develop millet-as-main-food and functionally processed production to create society demands and stimulate industrial progress.

Written by Cheng Ruhong, Diao Xianmin

Report on Advances in Fiber Crops Science and Technology

From 2010 to 2011, important progress has been achieved. The amount of preserved varieties resource ranks first in the world, altogether there are 10693 samples of bast fiber crops germplasm, inluding 5 families, 6 genera, and 54 species (subspecies or varieties). Develop bast fiber crops' breeding varieties and produce new, special, high quality varieties, such as kenaf variety with high resistance to drought; flax variety with high long fiber rate and salt tolerant; ramie variety with high-count yarn and so on. A series of molecular markers closely linked with major genes of main economic characters have been acquired; integrated with transgenic technology, new varieties with high yield, high quality and high resistance to diseases have been bred. Cultivation techniques have achieved new progress, such as high yield, high efficiency cultivation technique of ramie on lake area, mountain slope and arid land, key cultivation techniques of flax on winter fallow land, key cultivation techniques of jute and kenaf on saline land.

At present, we are confronted with food crisis, ecological crisis, and energy crisis. Bast fiber crops, as a kind of important natural fiber raw material and a kind of biomass raw material, has ecological functions such as improving soil and preventing soil erosion, which is in line with sustainable development strategy and has a promising future.

Subjects of bast fiber crops focus on following four directions as basic subjects of bast fiber crops molecular biology, breeding of high yield and multipurpose varieties, researches on high efficiency cultivation techniques for saline land, tidal flat, mountain slope and winter fallow land, the development of comprehensive utilization technology of bast fiber crops byproducts, including primary processing technology of ramie feed, research on technology of cultivating edible fungi with bast fiber crops byproducts, research on saccharification technology of bast fiber and research on production technology of bast fiber mulch films. These researches promote the development of bast fiber crops.

Written by Xiong Heping, Tang Shouwei, Liu Zhiyuan

Report on Advances in Sugar-yielding Crops Science and Technology

The crops used for producing sugar are called sugar-yielding crops, mainly including sugar cane and sugar beet. Generally, sugar beet is used as materials to produce sugar in the north of China while sugar cane is used in the south of China. In this report, researches from 2010 to 2011 about variety resources, biology, seed breeding technique and breeding of new variety, sweet beet's nutrition and fertilizing, pest control, farming and cultivation are summarized; according to the new technology development trend of sugar-yielding at home and abroad and domestic production demand, the future technology development is forecasted scientifically to find out the gaps between sugar-yielding crops production and scientific research of China and these of foreign countries and identify the focus of future work to give reasonable suggestions for the development of scientific research and production of China's sugar-yielding crops.

Written by Chen Lianjiang,Deng Zuhu,Lin Yanquan

Report on Advances in Special Crops Science and Technology

In this report, the technology development of special crops, barley, edible beans, oat and buckwheat in recent two years is introduced and the new development, research results, view, methods and techniques are carefully reviewed, summarized and evaluated scientifically and objectively; the status quo and trends of this field are studied and analyzed and development levels at home and abroad are compared. Based on the nationwide development, by tracing the international development front of this field, the future development prospects and objectives are forecasted and prospects and objectives of this field are put forward.

Written by Zhang Jing,Zhang Zongwen,Yang Xiushi,Guo Ganggang,
Zhao Wei,Qin Peiyou,Yao Yang,Ren Guixing,Wu Bin

附　　录

2010—2011年度作物学科的主要科技成果奖目录

2010—2011年度作物学科获得国家级成果奖目录

序号	成果名称	主要完成人	获奖类型与等级
1	抗条纹叶枯病高产优质粳稻新品种选育及应用	万建民,王才林,刘超,李爱宏,姚立生,袁彩勇,徐大勇,盛生兰,钮中一,江玲,周春和,邓建平,何金龙,陈亮明,滕友仁	科学技术进步奖一等奖
2	玉米单交种浚单20选育及配套技术研究与应用	程相文,李潮海,张守林,赵久然,孙世贤,秦贵文,唐保军,张进生,程立新,常建智,刘天学,周进宝,刘存辉,徐献军,朱自宽	科学技术进步奖一等奖
3	矮败小麦及其高效育种方法的创建与应用	刘秉华,翟虎渠,杨丽,孙苏阳,周阳,王山纮,蒲宗君,吴政卿,孙其信,甘斌杰,杨兆生,刘宏伟,孟凡华,赵昌平,位运粮	科学技术进步奖一等奖
4	水稻重要材料的创制和利用(水稻重要种质创新及其应用)	钱前,朱旭东,程式华,曾大力,杨长登,郭龙彪,李西明,胡慧英,曹立勇,张光恒	科学技术进步奖二等奖
5	人工合成小麦优异基因发掘与川麦42系列品种选育推广	武云,汤永禄,卢宝荣,黄钢,彭正松,胡晓蓉,余毅,李俊,邹裕春,李朝苏	科学技术进步奖二等奖
6	高产优质多抗"十花"系列花生新品种培育与推广应用	万勇善,刘风珍,廖伯寿,李向东,迟斌,姜慧芳,张昆,孙爱清,吕敬军,陈效东	科学技术进步奖二等奖
7	华南杂交水稻优质育种创新及新品种选育	邓国富,粟学俊,陈彩虹,李丁民,梁世荣,覃惜阴,陈仁天,黄运川,李华胜,卢宏琮	科学技术进步奖二等奖
8	高异交性优质香稻不育系川香29A的选育及应用	任光俊,陆贤军,高方远,蓝发盛,郑家国,刘永胜,卢代华,熊洪,孙淑霞,李治华	科学技术进步奖二等奖
9	花生野生种优异种质发掘研究与新品种培育	张新友,姜慧芳,汤丰收,唐荣华,任小平,董文召,徐静,雷永,王玉静,韩柱强	科学技术进步奖二等奖

续表

序号	成果名称	主要完成人	获奖类型与等级
10	高产、高含油量、光适应性油菜中油杂Ⅱ的选育与应用	李云昌,徐育松,李英德,胡琼,梅德圣,张冬晓,柳达,涂勇,李晓琴,余有桥	科学技术进步奖二等奖
11	冬小麦节水高产新品种选育方法及育成品种	郭进考,史占良,童依平,石敬彩,王志敏,底瑞耀,何明琦,刘彦军,蔡欣,刘冬成	科学技术进步奖二等奖
12	黄淮区小麦夏玉米一年两熟丰产高效关键技术研究与应用	尹钧,李潮海,谭金芳,孙景生,王炜,季书勤,张灿军,王俊忠,李洪连,王化岑	科学技术进步奖二等奖
13	海河平原小麦玉米两熟丰产高效关键技术创新与应用	马峙英,李雁鸣,崔彦宏,段玲玲,张月辰,张小风,甄文超,李瑞奇,张晋国,郑桂茹	科学技术进步奖二等奖
14	玉米高产高效生产理论及技术体系研究与应用	李少昆,刘永红,薛吉全,王延波,谢瑞芝,王崇桃,王振华,高聚林,王俊忠,赵海岩	科学技术进步奖二等奖
15	水稻丰产定量栽培技术及其应用	张洪程,丁艳锋,凌启鸿,仲维功,邓建平,戴其根,王绍华,张瑞宏,杨惠成,周培建	科学技术进步奖二等奖
16	数字农业测控关键技术产品与系统	赵春江,王成,郑文刚,黄文江,乔晓军,王秀,薛绪掌,陈立平,张馨,申长军	科学技术进步奖二等奖
17	玉米籽粒与秸秆收获关键技术装备	陈志,李树君,韩增德,王泽群,汪雄伟,方宪法,刘汉武,杨炳南,曹洪国,王俊友	科学技术进步奖二等奖
18	黄土高原旱地氮磷养分高效利用理论与实践	李生秀,王朝辉,高亚军,李世清,田宵鸿,周建斌,曹翠玲,翟丙年,李天祥,梁东丽	科学技术进步奖二等奖

2010 年度国家技术发明奖(通用项目)二等奖

序号	成果编号	成果名称	主要完成人	获奖类型与等级
1	F-201-2-01	棉花组织培养性状纯化及外源基因功能验证平台构建	李付广,张朝军,武芝侠,刘传亮,张雪妍,李凤莲	国家技术发明奖二等奖
2	F-251-2-01	新型环保复混肥和有机肥的制备技术与应用	刘兆辉,李彦,江丽华,张玉凤,林海涛,杨文刚	国家技术发明奖二等奖

2010—2011 年度中华农业科技奖科研类成果一等奖获奖名录

序号	成果名称	主要完成人	获奖类型与等级
1	抗旱节水高产广适型冬小麦新品种衡观35的选育及应用	陈秀敏,王道文,王金明,孙书娈,乔文臣,张坤普,魏建伟,谢俊良,孟祥海,李科江,谷良治,刘冬成,王有增,李丁,李伟,杜润生,苏文华,赵磊,张满义	中华农业科技奖科研类成果一等奖
2	高油酸花生种质创制研究与应用	禹山林,杨庆利,王积军,梁炫强,张互助,崔凤高,汤松,王晶珊,吴修,潘丽娟,俞春涛,迟晓元,朱柯鑫,曲明静,陈志德,刘立峰,孙旭亮,陈明娜,和亚男,杨珍	中华农业科技奖科研类成果一等奖
3	热带作物种质资源收集保存、评价与创新利用	陈业渊,王庆煌,刘国道,李琼,黄华孙,刘业强,尹俊梅,徐立,黄国弟,王祝年,李开绵,周华,王家保,符悦冠,陈厚彬,林冠雄,应朝阳,党选民,武耀廷,梁李宏	中华农业科技奖科研类成果一等奖
4	野生大豆种质资源研究及优异种质挖掘与利用	董英山,杨光宇,王玉民,庄炳昌,赵洪锟,王洋,李启云,赵丽梅,安岩,刘晓冬,马晓萍,沈波,刘宝,李海云,王英男,张春宝,王跃强,杨春明,董岭超,胡金海	中华农业科技奖科研类成果一等奖
5	水稻优质丰产综合配套技术研究	侯立刚,赵国臣,郭希明,隋鹏举,刘亮,齐春雁,张世忠,朱秀霞,孙洪娇,车立梅,马巍,李朝锋	中华农业科技奖科研类成果一等奖
6	高配合力优质新质源水稻不育系803A的创制及应用	谢崇华,郑家奎,陈永军,李仕贵,胡运高,杨国涛,张致力,刘永胜,何希德,何其明,李天银,何芳,李天春,魏东,李兵伏,高大林,昝利,曹静波,曾卓华,陆江	中华农业科技奖科研类成果一等奖
7	冬小麦节水、省肥、高产、简化栽培"四统一"技术体系	王志敏,王璞,周顺利,李建民,鲁来清,张英华,崔彦生,曹刚,李世娟,李绪厚,龚金港,薛绪掌,鞠正春,耿以工,方保停,董方红,吴海岩,张胜全,张永平,王润正	中华农业科技奖科研类成果一等奖

2010—2011 年度中华农业科技奖科研类成果二等奖获奖名录

序号	成果名称	主要完成人	获奖类型与等级
1	抗逆高产小麦育种技术研究与应用	肖世和,张秀英,闫长生,马志强,游光霞,孙果忠,张海萍,赵松山,王瑞霞,吴科,常成,郭会君,王奉芝,福德平,张秋芝	中华农业科技奖科研类成果二等奖

序号	成果名称	主要完成人	获奖类型与等级
2	京科糯 2000 等系列糯玉米品种选育与推广	赵久然,卢柏山,史亚兴,杨国航,王玉良,陈哲,霍庆增,闫明明,王凤格,王惠星,李生有,耿东梅,王辉,薛菲,白琼岩	中华农业科技奖科研类成果二等奖
3	广适性光温敏不育系 Y58S 的选育与应用	邓启云,袁隆平,吴俊,庄文,熊跃东,周开业,谭新跃,杨乾,李建武,石祖兴,董仲文,周川广	中华农业科技奖科研类成果二等奖
4	早恢 R458 的创制及其超级杂交早稻新组合的选育与应用	蔡耀辉,颜满莲,颜龙安,李瑶,毛凌华,李永辉,焦长兴,付高平,程飞虎,彭从胜,吴晓峰,万勇,聂元元,邱在辉,邓辉民	中华农业科技奖科研类成果二等奖
5	棉苗代谢调控及无钵移栽技术研究	杨铁钢,房卫平,黄树梅,郭红霞,夏文省,梁桂梅,王素真,代丹丹,李彦鹏,郝西,刘梦林,胡颖,王军亮,李伶俐,马娜	中华农业科技奖科研类成果二等奖
6	优质棉新品种的创制、栽培及其产业化	张天真,邹芳刚,陈树林,周宝良,朱协飞,史伟,陈爱民,郭旺珍,潘宁松,胡保民,纪从亮,宋锦花,陈松,陈德华,承泓良	中华农业科技奖科研类成果二等奖
7	棉花育种南繁和品种纯度南繁鉴定技术研究	王坤波,张西岭,宋国立,黎绍惠,刘方,杨伟华,王清连,王春英,张香娣,李建萍,王延琴,许红霞,周大云,樊秀华,汪若海	中华农业科技奖科研类成果二等奖
8	优质高产抗病油菜新品种华双 5 号的选育和应用	吴江生,张毅,汤松,鄂文弟,涂勇,王积军,张冬晓,姜福元,田新初,黄继武,卢明,程飞虎,刘磊,周广生,刘超	中华农业科技奖科研类成果二等奖
9	西北旱作节水农业关键技术研究与应用	樊廷录,宋尚有,王勇,罗俊杰,李尚中,唐小明,张建军,黄高宝,李兴茂,牛俊义,赵刚,王淑英,王立明,党翼,高育锋	中华农业科技奖科研类成果二等奖
10	华北集约化农田循环高效生产技术模式研究与应用	杨殿林,高尚宾,李刚,赖欣,赵建宁,张静妮,张贵龙,贾兰英,吴洪斌,聂岩,修伟明,刘红梅,皇甫超河,乌云格日勒,张明	中华农业科技奖科研类成果二等奖

2010—2011年度中华农业科技奖科研类成果三等奖获奖名录

序号	成果名称	主要完成人	获奖类型与等级
1	早熟高产"绥玉"系列玉米新品种选育和推广应用	魏国才,南元涛,金振国,高利,孙艳杰,石运强,薛英会,孙中华,周兴武,张明秀	中华农业科技奖科研类成果三等奖
2	秸秆还田提升土壤有机质的综合效应与技术模式	杨帆,李荣,崔勇,孙钊,徐明岗,周志成,彭福茂,赵建勋,殷广德,杨文兵	中华农业科技奖科研类成果三等奖

2010—2011年度中华农业科技奖科普类成果获奖名录

序号	成果名称	主要完成人	获奖类型与等级
1	保护性耕作技术	李洪文,李问盈,王庆杰,何润兵,张进,王勇毅,何明,何进,方红梅,程国彦,黄虎,梁井林,阚睿斌,陈浩,姚宗路,王晓燕,吴红丹,程海富,路战远	中华农业科技奖科普类成果
2	高效农业先进实用技术丛书	张新友,李保全,乔鹏程,田云峰,段敬杰,白献晓,周军,孟月娥,汪大凯,侯传伟,闫文斌,刘京宝,雷振生,梁永红,刘焕民,李茜茜,蔺锋,黎世民,赵博,苏磊	中华农业科技奖科普类成果
3	新型农民科技培训系列教材	周世其,梁仁枝,高宗霞,张踺,张长青,赵继平,郭高,吴金芳,李东升,赵伟,许振钦,张云,胡瑞,施玲,盛成佑,董曼薇,潘宏星,方勃,李享	中华农业科技奖科普类成果
4	优质水稻生产关键技术百问百答	张培江,王守海,陈周前,苏泽胜,李泽福,吴爽,黄忠祥,袁平荣,占新春,舒薇,赵立山,黄宇,李成荃	中华农业科技奖科普类成果